XIV

Las funciones
un paseo por su historia

Las funciones
un paseo por su historia

Carlos Sánchez Fernández
Concepción Valdés Castro

19
ciencia abierta

1ª edición: 2007

Apartado de Correos 113. 28760 Tres Cantos
Tel.: 91 804 58 17
Fax: 91 804 14 82
www.nivola.com
correo electrónico: contacto@nivola.com

ISBN: 978-84-96566-57-6
Depósito legal: M. 34.066-2007
Impreso en España

ÍNDICE

Dedicamos este estudio al maestro de maestros Leonhard Euler en el tricentenario de su nacimiento.

"Es función de una cantidad variable cualquier expresión analítica compuesta comoquiera que sea por esa cantidad y números o cantidades constantes".

Leonhard Euler (1707-1783)

INTRODUCCIÓN

En este libro se conduce al lector en un paseo por los laberintos de la historia de las matemáticas para desentrañar el encanto oculto en el concepto función. En diez breves capítulos viajamos desde el Oriente antiguo y exótico, donde las relaciones entre magnitudes se expresaban en tablas numéricas con enigmáticas reglas de formación, hasta el Occidente moderno y formalista, donde aparecen los primeros "monstruos" funcionales, los bellos fractales y las útiles distribuciones.

La palabra "función" se encuentra en un manuscrito de Leibniz escrito en el verano de 1673 después de su regreso de un corto viaje a Londres. En este original trabajo, la palabra "función" aparece para designar una magnitud representando tal o cual papel respecto a una curva, por ejemplo, la longitud de la tangente o de la normal, o bien la subnormal o la subtangente. Aquí la curva se supone definida por *una relación entre x e y dada por una ecuación*. Como nos percatamos al leer con detenimiento, Leibniz concierta las ideas reflejadas por las palabras curva, ecuación y relación. Estas tres palabras, con sus significados diferentes, van a ajustarse dialécticamente para producir el concepto preciso y general de función.

En las matemáticas actuales todos buscamos el significado de un concepto en la definición que del mismo se da. Sin embargo, en los trabajos de los matemáticos anteriores al siglo XX, este significado queda oculto en una definición más o menos vaga y puede ser explicitado solo cuando se busca de forma más precisa en el uso posterior que de ella se haga y en los ejemplos a los cuales se aplica. Es por eso por lo que en cada uno de los diez capítulos del libro hacemos énfasis no en la definición que se usa en cada momento histórico, sino en los ejemplos ilustrativos, en los problemas que se resuelven con las concepciones establecidas.

Nuestro fin principal es agudizar la sensibilidad del lector para que aprecie en toda su amplitud el valor de las relaciones funcionales. Si el lector es un sagaz profesor de enseñanza secundaria o universitaria, quizás pudiera hacer compatible las bondades de nuestros relatos con un curriculum moderno, para agregarle a sus cursos la inteligibilidad y el encanto que tanto agradecen los alumnos.

El paseo esta organizado en dos itinerarios. El primero comprende cinco capítulos con las ideas y la metodología desarrolladas para el tratamiento de las relaciones funcionales antes de que el cálculo diferencial e integral se convirtiera en el arte primordial. Este viaje puede ser comprendido en toda su extensión por cualquier estudiante de bachillerato. El segundo recorrido, que puede seguirse independientemente del primero, está constituido también por cinco capítulos y en ellos se observa cómo el arte del cálculo infinitesimal ayudó a sintetizar las ideas de curva, ecuación y función. Tal vez, para la culminación del paseo, en los vericuetos de los caminos recorridos en los dos últimos capítulos, algunos lectores tengan que efectuar un esfuerzo mayor, pero les aseguramos que ¡bien vale la pena!

AGRADECIMIENTOS

Han sido varios amigos los que nos han facilitado el acceso al saber. Destaquemos al Prof. Fernando Bombal de la Universidad Complutense de Madrid y al Prof. Jorge López de la Universidad de Puerto Rico que, además, nos han brindado materiales valiosos para componer estos relatos. Una vez más, damos gracias a nuestros colegas del Seminario de Cultura Matemática en la Universidad de La Habana y al Prof. Antonio Pérez Sanz, colaborador de la Editorial Nivola, por su pertinente estímulo y acertadas sugerencias.

1ª parte

Sin el cálculo

LOS ENIGMAS DE LAS TABLAS NUMÉRICAS EN LA CULTURA PREHELÉNICA (c. 2000-c. 500 a.C.)

"La cosa más bella que podemos experimentar es el misterio. Esta es la fuente de todo arte verdadero y de la ciencia".

Gottfried Wilhelm Leibniz (1646-1716)

En la Antigüedad la manera más extendida y simple de representar las relaciones entre magnitudes era a través de arreglos numéricos a varias columnas, donde no se daban explícitamente las reglas de formación de la tabla. Por ejemplo, podían aparecer tabuladas las distintas profundidades de un río a medida que se alejaban de una orilla por un punto dado y se acercaban a la otra por otro punto determinado. También se organizaban en tablas los datos de transacciones comerciales, que prácticamente desde el comienzo de la civilización fueron una necesidad social. Otras muchas tablas se refieren a cambios astronómicos o meteorológicos, que podían influir en la marcha de sus cosechas y, en fin de cuentas, en su supervivencia.

Un problema que dificulta la comprensión y comunicación de las relaciones cuantitativas encontradas en las diferentes culturas prehelénicas reside en la representación gráfica de los números, puesto que en ese entonces se introdujeron multitud de signos y diferentes sistemas numéricos, unos posicionales y otros no. Según los descubrimientos arqueológicos realizados, los sistemas numéricos posicionales aparecen por primera vez al comienzo del II milenio a.C. entre los pueblos sumerios del antiguo Irak, localizados entre los ríos Tigris y Éufrates, y se desarrollaron sobre todo durante el imperio de Hammurabi en Babilonia. Los calculistas chinos, mayas y también los de la India, todos en la Edad Antigua, redescubrieron las ventajas de asignar valor a la posición y no sólo a la magnitud. Sin embargo ni los egipcios, ni los helenos, ni los fenicios, ni ninguna otra de las civilizaciones antiguas utilizó un sistema posicional. Además, de las cuatro culturas con sistema posicional, dos tenían base decimal y dos base sexagesimal. Los babilonios privilegiaron la "sesentena", y organizaron la serie regular de los números según una clasificación jerarquizada fundada sobre esta base.

Complica aún más la trascripción de las tablas numéricas el hecho de que estos pueblos antiguos utilizaban diferentes signos para la representación de las cifras. Algunas de las tablas encontradas han representado un verdadero *enigma* para los especialistas y el *descifre* de algunas aún conserva su misterio.

Existen varios convenios para facilitar la comunicación al lector moderno de los resultados antiguos. Por ejemplo, en el caso de los sistemas sexagesimales es común tomar el convenio del especialista Otto Neugebauer, que utiliza nuestras cifras indo-arábigas y emplea una coma para separar los diferentes órdenes sexagesimales y un punto y coma (;) para separar la parte entera de un número de su parte fraccionaria. Así el número cuya representación decimal es 4002,375 en sistema sexagesimal se representaría:

$$4002{,}375 = 1 \times 60^2 + 6 \times 60 + 42 \times 60^0 + 22 \times 60^{-1} + 30 \times 60^{-2} = 1,\ 6,\ 42;\ 22,\ 30$$

Una de las tablas numéricas más extendida en las diferentes culturas prehelénicas es la de inversos. Estas tablas eran usadas frecuentemente por los astrónomos. Las más antiguas contienen los inversos de aquellos enteros entre 1 y 81 que poseen sólo factores 2, 3 y 5 y que, por consiguiente, tienen recíprocos que pueden ser expresados como fracciones sexagesimales finitas, es decir fracciones en el sistema de numeración babilónico.

Así por ejemplo, los inversos de los números 40 y 81 son fracciones finitas

$$\frac{1}{40} = 0;\ 1,\ 30 \quad \text{y} \quad \frac{1}{81} = 0;\ 0,\ 44,\ 26,\ 40$$

Mientras que el inverso de 11 es una fracción infinita

$$\frac{1}{11} = 0;\ 5,\ 27,\ 16,\ 21,\ 49,\ldots$$

La civilización antigua que privilegió las operaciones con fracciones de la unidad fue la egipcia. Los egipcios usaban un sistema no posicional aditivo de base 10 con jeroglíficos distintivos para los enteros no negativos y para las fracciones de la unidad. La gran mayoría de los problemas que han llegado a nosotros en los papiros egipcios presentan cálculos con fracciones. Existen varias hipótesis para justificar este uso. Una de las razones plausibles se sustenta en la peculiar forma de dividir en la aritmética egipcia, basada en las operaciones simples de adición y duplicación.

1	35
2 4 8	70 140 280
4 + 8 = 12	**140 + 280 = 420**

Fig. 1

Veamos, como ejemplo, la división de 420 entre 35.

Para el calculista egipcio el problema se interpretaba como ¿cuántas veces debo sumar 35 consigo mismo para obtener 420? Para hallar la solución se hacía una tabla de duplicados (Fig. 1). De estos datos tabulados el calculista infería que era 12 el cociente buscado.

La situación se complica cuando en la columna de la derecha no se encontraba una suma que diera exactamente el valor del dividendo, entonces había que recurrir a las fracciones. Pero, como dijimos antes, los egipcios no tenían jeroglíficos para representar fracciones compuestas y por extraño que parezca sólo 2/3 tenía un jeroglífico propio[1]. Por tanto, para su uso práctico todas las fracciones, excepto 2/3, se debían descomponer en suma de fracciones de la unidad. Así toda multiplicación o división se reducía a duplicar enteros o duplicar fracciones de la unidad.

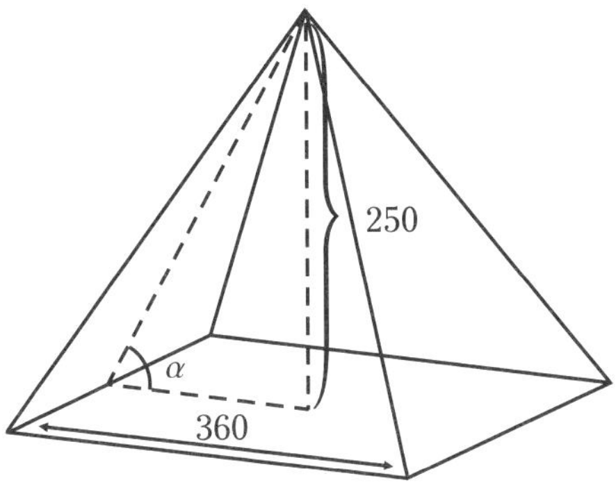

Fig. 2

(1) Por ejemplo, para encontrar la tercera parte de una cantidad se calculaba primero los 2/3 y después se dividía por 2. ¿Por qué esta aparente complicación? Este es otro de los enigmas aún sin una respuesta definitiva y de consenso para todos los historiadores.

Como ilustración del uso de las fracciones resolvamos el problema 56 del papiro Rhind. En este problema aparece uno de los asuntos más importantes de la cultura egipcia, el cálculo del valor de la *seqt* de una pirámide. Con la palabra *seqt* se designaba una relación de la base horizontal de la pirámide con su altura. El valor de la *seqt* calculado en los dos papiros principales de Moscú y del Museo Británico coincide con la cotangente del ángulo α que indica la inclinación de las caras de la pirámide (Fig. 2). En particular la solución del problema 56 que mostraremos corresponde a la cotangente de un ángulo de $\alpha = 54^\circ 14'$.

Dicho problema pide calcular la *seqt* de una pirámide recta de altura 250 codos[2] y de base 360 codos.

La solución del escriba se presenta con las indicaciones siguientes:

Encuentra 1/2 *de* 360: 180

Divide 180 *por* 250: $\frac{1}{2}+\frac{1}{5}+\frac{1}{50}$

Pero un codo vale 7 *manos.*

Entonces multiplica 7 *por* $\frac{1}{2}+\frac{1}{5}+\frac{1}{50}$

(lo que se indica en la tabla de la Fig. 3).

La seqt de la pirámide es de 5 + 1/25.

1	7
1/2 1/5 1/50	3 + 1/2 1 + 1/3 + 1/15 1/10 + 1/25
1/2 + 1/5 + 1/50	**5 + 1/25**

Fig. 3

Al comienzo del famoso papiro Rhind, que se conserva en el Museo Británico, aparece una tabla de descomposición de 2/*n* para *n* impar desde 5 hasta

(2) Para los calculistas egipcios el codo es una unidad de longitud que vale 7 manos y cada mano contiene 4 dedos. Cuando el escriba señala la medida de la base cuadrada en codos no se refiere al área.

101. Esto nos muestra la importancia en los cálculos de las fracciones de la unidad y a la vez nos enseña una primitiva e inocente idea de establecer una correspondencia entre dos conjuntos de números;

$$\left\{\frac{2}{2k+1} : k = 2, 3, 4, ..., 50\right\}$$

y cierto conjunto de números de la forma

$$\frac{1}{p}+\frac{1}{q}+\frac{1}{r}+\cdots$$

donde p, q, r, toman valores naturales convenientes. En la tabla de la Fig. 4 ilustramos la representación para los primeros valores de k.

Se puede afirmar que las principales civilizaciones antiguas, como la egipcia, la china o la mesopotámica tuvieron tablas de multiplicación y de fracciones. Pero, por supuesto, la forma de estas tablas no era la misma, dependía tanto del sistema de numeración adoptado como de la concepción en cada cultura de la multiplicación y de la división, cuestiones que no se corresponden con nuestras concepciones actuales de las operaciones aritméticas.

Pero también aparecen tabuladas relaciones entre magnitudes constantes con usos no tan ordinarios y fáciles de descifrar. En una de las tablas babilónicas curiosas aparecen los valores de n^3+n^2 para todos los enteros del 1 al 20 y 30, 40 y 50.

¿Para qué podría servir una tabla así hace más de 4000 años?

$2/n$	Fracciones de la unidad
2/5	1/3 + 1/15
2/7	1/4 + 1/28
2/9	1/6 + 1/18
2/11	1/6 + 1/66
2/13	1/8 + 1/52 + 1/104
2/15	1/10 + 1/30
2/17	1/12 + 1/51 + 1/68
2/19	1/12 + 1/76 + 1/114

Fig. 4

n	n^3+n^2	n	n^3+n^2	n	n^3+n^2	n	n^3+n^2
1	2	**7**	392	**13**	2366	**19**	7220
2	12	**8**	576	**14**	2940	**20**	8400
3	36	**9**	810	**15**	3600	**30**	27900
4	80	**10**	1100	**16**	4352	**40**	65600
5	150	**11**	1452	**17**	5202	**50**	127500
6	252	**12**	1872	**18**	6156		

Fig. 5

La respuesta más plausible (aunque sea sólo una conjetura de Otto Neugebauer aún no demostrada) es que esta tabla se usaba para resolver las ecuaciones cúbicas mixtas de la forma

$$ax^3+bx^2 = c \qquad (*)$$

pues si se multiplica la ecuación (*) por a^2/b^3 se obtiene

$$\left(\frac{ax}{b}\right)^3 + \left(\frac{ax}{b}\right)^2 = \frac{ca^2}{b^3}$$

a partir de la cual tenemos

$$y^3+y^2 = \left(\frac{a^2}{b^3}\right)c \text{ donde } y = \frac{ax}{b} \qquad (**)$$

Ahora la ecuación (**) se puede resolver para y usando la tabla de n^3+n^2 (Fig. 5). La x se obtiene a partir de y de la relación $x = \dfrac{by}{a}$.

La solución de ecuaciones cúbicas es un logro notable si consideramos el alto nivel de destreza técnica necesario para manejar los conceptos algebraicos en ausencia de una notación simbólica. Con la ayuda de la moderna álgebra simbólica es fácil ver que $(ax)^3+(ax)^2 = c$ es equivalente a la ecuación $y^3+y^2 = c$.

Imagínese la dificultad de reconocer esta equivalencia sin la notación algebraica de la que disponemos hoy y se apreciará mejor la magnitud del logro de los babilonios.

La tablilla Plimpton n° 322

En 1945 Neugebauer y Sachs publicaron su desciframiento de una tablilla de arcilla (la n° 322 de la colección de G. A. Plimpton en la Universidad de Columbia) fabricada en una época entre los años 1800 y 1650 a.C. Algunos piensan que se trata de la sección superviviente de una tablilla mayor que tenía varias columnas más de números en su parte izquierda, que probablemente se quebraron y perdieron cuando se excavó para sacar la tablilla.

La tablilla, tal como se conserva, presenta cuatro columnas de números dispuestos en quince filas, la última de las cuales da el número de la fila. La tabla de la Fig. 6 muestra tres de las cuatro columnas que se pudieron descifrar definitivamente, y agregamos una columna *a* para simplificar los razonamientos. También usamos la notación decimal para disminuir la dificultad adicional de la notación sexagesimal. De todas formas no es un trabajo simple descifrar de qué se trata.

Como es costumbre en el mundo oriental, la primera columna es la situada en el extremo derecho, donde aparecen los números del 1 al 15 (en nuestra tabla aparecen sombreados). Las otras columnas no parecen mostrar ninguna relación numérica entre sí.

Neugebauer y Sachs, después de varios años de ardua labor, encontraron la clave. Se trata de *tríos pitagóricos*, es decir, c representa la hipotenusa y b y a representan los dos catetos de un triángulo rectángulo. Así, si se forman los cuadrados de los números de la columna c y se restan los cuadrados correspondientes de los números en b, obtenemos el cuadrado de los números en a.

a	***b***	***c***		***a***	***b***	***c***	
120	119	169	**1**	600	481	769	**9**
3456	3367	4825	**2**	6480	4961	8161	**10**
4800	4601	6649	**3**	60	45	75	**11**
13500	12709	18541	**4**	2400	1679	2929	**12**
72	65	97	**5**	240	161	289	**13**
360	319	481	**6**	2700	1771	3229	**14**
2700	2291	3541	**7**	90	56	106	**15**
960	799	1249	**8**				

Fig. 6

No es probable que los valores escritos en la tablilla se dedujeran utilizando métodos de ensayo y error, pues este procedimiento hubiera dado tríos más sencillos. Existen dos hipótesis plausibles de cómo los babilonios llegaron a la tabla de los tríos pitagóricos. Según Neugebauer y Sachs fue por el conocimiento de las relaciones generadoras

$$a = 2mn \qquad b = m^2 - n^2 \qquad c = m^2 + n^2$$

donde m y n son enteros primos entre sí, $m > n$. La otra hipótesis considera que tomaron las fórmulas siguientes:

$$a = 1 \qquad b = \frac{1}{2}\left(p - \frac{1}{p}\right) \qquad c = \frac{1}{2}\left(p + \frac{1}{p}\right)$$

que determinaron utilizando las tablas de inversos y después llevaron a números enteros.

Estas hipótesis se basan también en la original columna extrema izquierda. Como apuntamos más arriba, la columna a ha sido añadida para hacer la explicación más simple. Pero en la tablilla Plimpton nº 322 la columna a tiene otros números fraccionarios que, según el desciframiento de Neugebauer y Sachs, representan el producto c^2a^{-2}, lo que muestra mayor sagacidad, tanto de los descifradores, como de los babilonios de hace 4000 años.

Supongamos que la ecuación pitagórica $a^2+b^2 = c^2$ se normaliza dividiendo por a^2.

Si hacemos

$$u = \left(\frac{c}{a}\right)^2 \quad \text{y} \quad v = \left(\frac{b}{a}\right)^2$$

entonces la relación pitagórica se expresa por

$$u^2 - v^2 = (u - v)(u+v) = 1$$

Sea

$$u+v = \frac{m}{n} \quad \text{y} \quad u - v = \frac{n}{m}$$

donde m y n son números enteros positivos y $m > n$. Entonces:

$$u = \frac{1}{2}\left(\frac{m}{n}+\frac{n}{m}\right) \quad \text{y} \quad v = \frac{1}{2}\left(\frac{m}{n} - \frac{n}{m}\right)$$

o bien

$$u = \frac{m^2+n^2}{2mn} \quad \text{y} \quad v = \frac{m^2 - n^2}{2mn}$$

Si hacemos $a = 2mn$ y recordamos que $b = va$ y $c = ua$ obtenemos la fórmula generadora de tríos pitagóricos:

$$a = 2mn \qquad b = m^2 - n^2 \qquad c = m^2+n^2.$$

Este método de generar tríos pitagóricos se atribuye a Diofanto (c. 250 d.C.) quien se puede considerar trabajó dentro de la tradición algebraica babilónica y la introdujo en las matemáticas helenas. Notemos que para llegar a estas fórmulas sólo necesitamos saber sumar, multiplicar, hallar inversos y conocer la identidad algebraica

$$u^2 - v^2 = (u+v)(u - v)$$

Una de las dificultades de esta explicación de cómo los babilonios generaban los tríos pitagóricos es la falta de fundamento lógico subyacente en elegir los valores particulares de m y n, los cuales, según observamos en la tabla Plimpton 322, parecen variar de forma errática. Es posible que las filas puedan haberse ordenado de manera que se asegure un aumento aproximadamente lineal de los valores en la columna extrema izquierda, la cual contiene el cuadrado de la razón de la hipotenusa y uno de los catetos del triángulo.

Pero existe otra explicación que parece muy convincente. Se puede demostrar que hay exactamente 16 tríos pitagóricos (de ellos 15 se encuentran en la tabla Plimpton 322) que resultan si se cumplen las condiciones siguientes:

$$n \leq 60$$

$$30^\circ \leq \theta \leq 45^\circ$$

$$\tan^2 \theta = \frac{a^2}{b^2}$$ tiene representación sexagesimal finita.

Esto implica que m, n y b son productos de factores primos de 60 (por ejemplo, 2, 3 y 5) Si esta es realmente la solución del enigma, la tabla Plimpton contiene un problema interesante como ejemplo de clasificación en una teoría primitiva de números.

Independientemente de cuál de estas explicaciones, o cualquiera otra, sea o no válida, hay pocas dudas de que los babilonios conocían y utilizaban el teorema de Pitágoras. Si los investigadores no hubieran encontrado la clave, la tablilla Plimpton nº 322 sería desechada como una simple tabla de transacciones comerciales y temas administrativos, y no tendría ningún interés histórico ni cultural.

Aprender a descifrar el enigma de las tablas numéricas de la Antigüedad significa descubrir las relaciones funcionales escondidas entre los elementos que conforman la tabla.

Los ejemplos estudiados en este primer capítulo nos muestran que durante la Antigüedad prehelénica se estudiaron diferentes casos de dependencia entre dos o más magnitudes y se expresaron a través de tablas numéricas. Pero no se aisló ni la noción general de magnitud variable, ni de dependencia funcional, para lo cual fue necesario desarrollar ideas más claras sobre la representación tanto geométrica como algebraica de las relaciones entre magnitudes.

En el próximo capítulo estudiaremos algunas nuevas representaciones geométricas que se obtuvieron en los periodos heleno y alejandrino de la Antigüedad clásica.

Ejercicios

Ejercicio 1.1

Analiza cuáles son los números n, con $1 < n < 19$, que poseen un inverso tal que:

a) en el sistema de base 60 usado por los mesopotámicos, se representan por una fracción sexagesimal finita.

b) en el sistema de base 10 que usamos hoy, se representan por una fracción decimal finita.

Ejercicio 1.2

Verifica las descomposiciones de la Fig. 4. ¿Existen otras posibles descomposiciones en fracciones de la unidad? ¿Es la correspondencia dada en la tabla una función en el sentido actual?

Ejercicio 1.3

Comprueba que los números de las líneas 5 y 15 en la tablilla Plimpton nº 322 se obtienen de ambas fórmulas de generación de tríos pitagóricos y encuentra los valores de m, n y p, correspondientes.

LAS CURVAS SUBVERSIVAS DE LA CULTURA HELENA (c. 500 a.C.-c. 500 d.C.)

"Medid lo que es medible y haced medible aquello que no lo es".

Galileo Galilei (1564-1642)

Los sabios helenos tuvieron que enfrentarse en sus especulaciones teóricas a una serie de situaciones paradójicas. El ejemplo más conocido tiene que ver con la aparición de *magnitudes inconmensurables*. Si tomaban el lado del cuadrado como unidad numérica, no podían medir su diagonal ni como número entero ni como fracción, y si tomaban la diagonal como unidad lo mismo pasaba ahora cuando querían medir el lado. Este hecho contribuyó a que concibieran la geometría como una ciencia más completa que la aritmética, y por tanto superior. Como consecuencia directa se arraiga la convicción de que la geometría debía desarrollarse en forma independiente a la aritmética. Como un corolario de esta situación se tiene una limitación en el perfeccionamiento del simbolismo matemático y, en particular, la ausencia de desarrollo de métodos algebraicos.

Por otra parte la búsqueda de rigor lógico en las construcciones geométricas llevó a dogmatizar el uso de la regla y el compás, los "mentefactos" más simples, asociados a las curvas más perfectas: la línea recta y la circunferencia. Así un problema se consideraba correctamente resuelto sólo si se indicaba la construcción geométrica de la solución usando exclusivamente la regla y el compás. Este elitismo racionalista, que por una parte limitaba la cantidad de problemas solubles, por otra estimulaba a los más osados a buscar *soluciones subversivas,* sobre todo a través de la construcción de curvas por medios no convencionales.Esto ocurrió, por ejemplo, con los tres problemas más célebres de la antigüedad: *la duplicación del cubo, la trisección del ángulo y la cuadratura del círculo*. Ninguno de estos problemas cedió ante el mero uso de regla y compás, así que como búsqueda de solución se introdujeron, de forma subrepticia, diferentes curvas. Los dos métodos que se difundieron en esta clandestinidad fueron uno mecánico, a través del cual las curvas eran definidas por varios tipos de movimientos, simples o compuestos y el otro como intersección de dos cuerpos sólidos conocidos. Sin que primara un interés de hacer gráfica una dependencia funcional, se crearon condiciones para reflexionar geométricamente sobre las relaciones entre magnitudes variables, que con la sola consideración de la recta y la circunferencia era imposible imaginar. En este capítulo conoceremos algunas de las curvas construidas como soluciones a los tres problemas célebres mencionados, donde se utilizan tanto el método mecánico como el estereométrico.

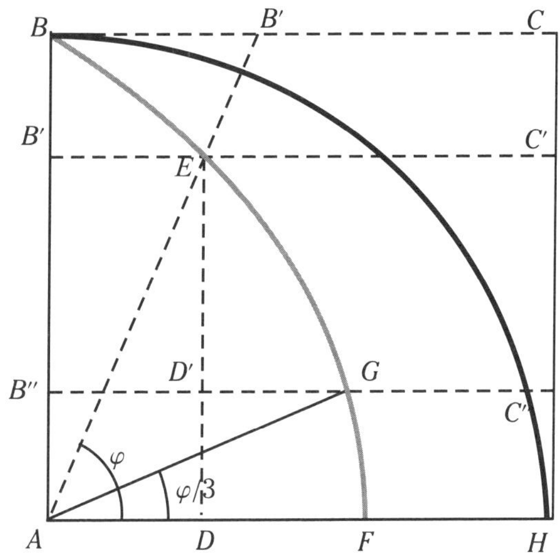

Fig. 7

LOS TRES PROBLEMAS CÉLEBRES DE LA ANTIGÜEDAD

Duplicar un cubo: dado un cubo de volumen V, construir otro cubo de volumen $2V$.

Trisecar un ángulo: dado un ángulo de amplitud α, construir otro ángulo de amplitud $\alpha/3$.

Cuadrar un círculo: dado un círculo de área A, construir un cuadrado de la misma área A.

Al parecer la primera curva, aparte de la recta y la circunferencia, introducida en la Antigüedad fue la *trisectriz*. Se le atribuye a **Hipías de Elis**, quien desarrolló su actividad en Atenas durante la segunda mitad del siglo V a.C. Proclo y otros comentaristas le atribuyen la invención de esta curva mecánica para trisecar un ángulo, que más tarde mostró ser útil también para cuadrar el círculo y, por tanto, se le llamó también *cuadratriz*.

Esta curva se dibuja de la manera siguiente (Fig. 7): supongamos que el segmento AB gira en el sentido de las agujas del reloj alrededor de A a una velocidad constante hasta ocupar la posición AH. Durante el mismo tiempo BC se mueve en dirección a AH, manteniendo siempre la misma dirección y con velocidad constante, hasta coincidir con AH. Supongamos que AB ha pasado a ser AB' cuando BC se convirtió en $B'C'$, y sea E el punto de intersección de estas rectas. Entonces E es un punto de la cuadratriz $BEGF$.

Veamos cómo usando esta curva se puede trisecar un ángulo φ. Dividamos el segmento ED en tres partes de modo que $DD' = ED/3$. Consideramos la recta $B''C''$, paralela a BC que pasa por D' y busquemos el punto de intersección G con la cuadratriz. Si trazamos la recta AG, entonces el ángulo $GAF = \varphi/3$.

El problema de la duplicación del cubo, es decir, dado un cubo de lado a construir otro cubo con volumen $2a^3$, es posible que se concibiera como un caso particular de construir un cubo equivalente a un paralelepípedo de base cuadrada, $V = a^2b$, que algebraicamente equivale a resolver la ecuación

$$x^3 = a^2b$$

A su vez este puede considerarse como una generalización del problema de la cuadratura del rectángulo, fácilmente soluble con regla y compás, pues se reduce a la inserción de una media proporcional:

$$\frac{a}{x} = \frac{x}{b}$$

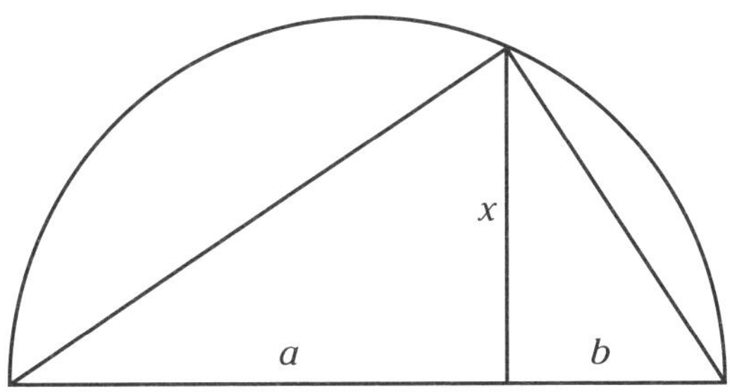

Fig. 8

lo que geométricamente significa trazar una perpendicular sobre la hipotenusa de un triángulo rectángulo y aplicar las propiedades de semejanza (Fig. 8). De tal forma se explica que **Hipócrates de Chios** (s. IV a.C.) redujera el problema más general de la duplicación del cubo al hallazgo de dos medias proporcionales:

$$\frac{a}{x} = \frac{x}{y} = \frac{y}{b}$$

Así pues, en la formulación de Hipócrates la cuestión se había reducido a investigar la intersección de lugares geométricos correspondientes a las ecuaciones algebraicas:

$$\{x^2 = ay, \quad xy = ab, \quad y^2 = bx\}$$

Pero los antiguos helenos no poseían el aparato algebraico indispensable y solo tenían a mano su ingenio y los dos métodos antes señalados para construir los lugares geométricos. Resultó un éxito notable por parte de **Menecmo de Atenas** (s. IV a.C.) el descubrimiento de que había curvas con la propiedad de Hipócrates y que podía construirlas como intersección de dos sólidos conocidos: un plano y un cono. De hecho había toda una familia de curvas adecuadas que se podían construir cortando un cono circular recto por un plano perpendicular a un elemento o generatriz del cono. De tal forma, se le atribuye a Menecmo el descubrimiento de las *secciones cónicas*, que más adelante se llamarían *elipse, hipérbola* y *parábola*.

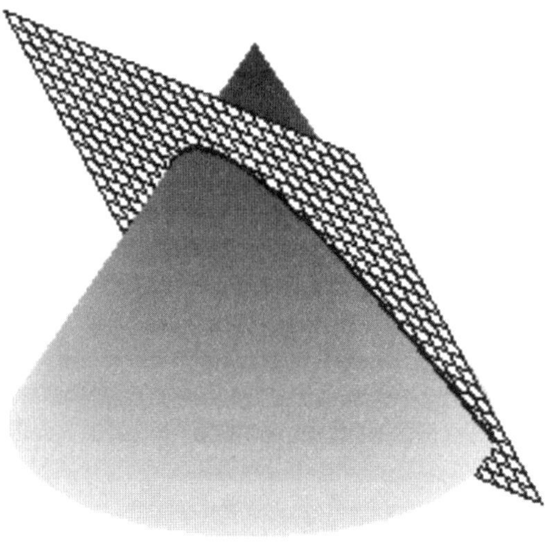

Fig. 9

Es interesante que, aunque la elipse es, después de la circunferencia y la recta, la curva que más frecuentemente aparece a nuestro alrededor, lo que se buscaba era en realidad la parábola y la hipérbola, que representan las propiedades necesarias para resolver el problema de la duplicación del cubo. Si el cono circular recto se corta por un plano perpendicular a uno de sus generatrices, como en la Fig. 9, la curva intersección, en términos actuales, satisface la ecuación $y^2 = lx$, donde l es una constante que depende únicamente de la distancia del vértice del cono al plano de la sección (el *latus rectum* o lado recto). No se sabe exactamente como Menecmo obtuvo esta propiedad, pero lo cierto es que depende exclusivamente de algunos teoremas de geometría elemental.

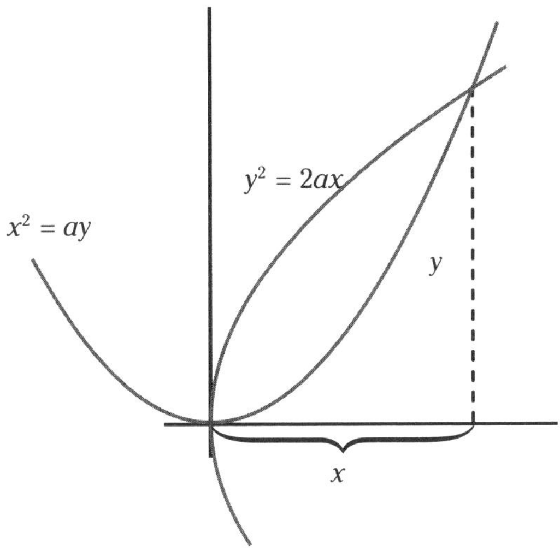

Fig. 10

Se puede construir una parábola con lado recto dado simplemente desplazando el plano de corte paralelamente a sí mismo al efectuar el corte. Para duplicar un cubo de lado a, construimos dos parábolas, una de lado recto a y la otra de lado recto $2a$. Si situamos estas dos parábolas con vértices en el origen de coordenadas y de modo que sus ejes sean perpendiculares (Fig. 10), el otro punto de intersección de las dos parábolas tendrá coordenadas que satisfacen la proporción deseada, es decir que

$$x = a\sqrt[3]{2} \quad \text{y} \quad y = a\sqrt[3]{4},$$

así que la abscisa x es la arista del cubo buscado. Cómo se observa en nuestra presentación, la técnica de Menecmo guarda gran relación con la utilización

ARQUÍMEDES

Arquímedes de Siracusa (c. 285-212 a.C.) es sin duda el más famoso, prolífico e ingenioso de los sabios antiguos. Estudió en Alejandría y son populares sus hazañas como ingeniero militar y civil en su ciudad natal de Siracusa. Dejó su huella en las matemáticas, la mecánica, la física y la astronomía. En matemáticas creó una metodología eficaz para la medida de magnitudes geométricas y mecánicas e introdujo varias curvas mecánicas para la resolución de diversos problemas.

Su habilidad para los cálculos exactos o aproximados es objeto de leyendas. Conjugó como pocos en la historia de las ciencias, teoría y práctica, matemáticas y mecánica.

de coordenadas y hay historiadores que sostienen que Menecmo conocía cierta forma de geometría analítica. Esta opinión no es plausible puesto que con el paupérrimo aparato analítico a su alcance, Menecmo no podía ser consciente del hecho de que una relación arbitraria entre dos variables determina una curva, y mucho menos la ecuación particular de la parábola como hemos expuesto arriba.

Dinostrato (s. IV a.C.) hermano de Menecmo, fue también matemático y mientras uno resolvía la duplicación del cubo el otro se encargaba de la *cuadratura del círculo* con el uso de la trisectriz de Hipías. Las soluciones de Hipías y Dinostrato eran, tal como reconocieron sus mismos autores *sofísticas*, es decir no satisfacían a los cánones de rigor en la geometría helena de la regla y el compás. Continuó, por tanto, la búsqueda de nuevas soluciones, de modo que los geómetras introdujeron nuevas curvas en sus investigaciones.

Fue precisamente con estos objetivos que **Arquímedes de Siracusa** define su espiral: *si una línea recta en un plano gira con velocidad uniforme alrededor de un extremo, el cual permanece fijo y retorna a la posición de la cual partió y si, a la vez que esta línea gira, un punto se mueve con razón constante a lo largo de la recta comenzando de la extremidad que quedó fija, el punto describirá una espiral en el plano*.

La espiral de Arquímedes actualmente se representa por su ecuación polar $r = a\theta$ y fue un instrumento para trisecar un ángulo arbitrario.

Se coloca el ángulo de tal forma que el vértice y el lado inicial coincidan con el origen de la espiral y la posición inicial de la semirrecta *OA* que gira (ver Fig. 11). Sea *P* el punto de intersección del segundo lado del ángulo con la espiral, y dividamos el segmento *OP* en tres partes iguales por medio de los puntos *R* y *S*. Sean *RU* y *SV* arcos de las circunferencias de centro *O* y radios *OR* y *OS* respectivamente. Si estas circunferencias cortan a la espiral en los puntos *U* y *V* entonces las semirrectas *OU* y *OV* trisecan al ángulo *AOP*.

A pesar del carácter estático de la matemática griega, Arquímedes, en su estudio de la espiral, parece haber determinado la tangente a esta curva por medio de consideraciones cinemáticas. Considerando un punto genérico de la espiral como sometido a dos movimientos simultáneos, un movimiento radial uniforme de alejamiento del origen y uno circular de centro en el origen, al parecer determinó la dirección instantánea del movimiento y por lo tanto la dirección de la tangente a la curva observando el movimiento resultante de los dos componentes por medio del paralelogramo de las velocidades. Todo parece indicar que ésta fue la primera vez que se determinó la tangente a una curva que no fuera la circunferencia.

Durante muchos años las *secciones cónicas* no tuvieron otro nombre que el asociado a su construcción mediante la intersección de un cono con un plano. **Apolonio de Perga** logró prescindir del cono. Para ello dedujo una propiedad plana fundamental o *symptôma* de la sección que da una condición necesaria y suficiente para que un punto esté situado sobre la curva y así abandonó el espacio tridimensional. La propiedad se expresa en términos de proporcionalidad de segmentos y puede asociarse, según nuestra terminología actual, a la ecuación de la curva referida a un vértice.

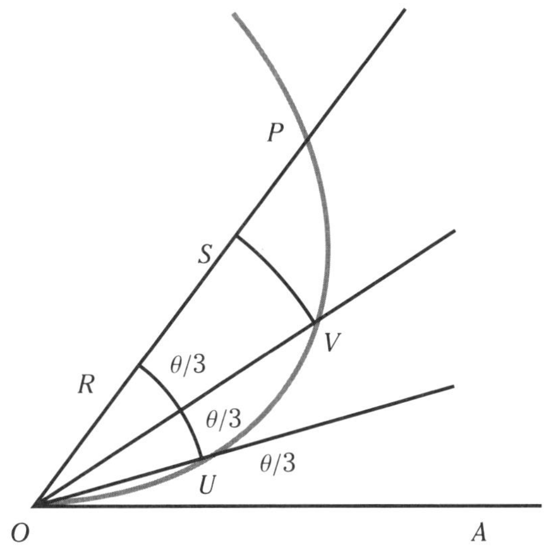

Fig. 11

Apolonio utilizó sistemáticamente un par de diámetros conjugados como equivalentes a un sistema de coordenadas oblicuas. Este constituye un magnífico sistema de referencia para una cónica, ya que si se traza una recta por un extremo de un diámetro de una elipse o de una hipérbola, paralela al diámetro conjugado del primero, entonces esta recta tocará a la cónica en el punto en cuestión y no será posible trazar otra recta entre ella y la cónica, es decir la recta en cuestión será tangente a la cónica. Posiblemente siguiendo una sugerencia de Arquímedes, Apolonio introdujo los nombres de elipse e hipérbola. Estas palabras, así como parábola no eran nuevas, ni especialmente acuñadas para la ocasión, sino que fueron adaptadas de un uso anterior en las construcciones que era necesario realizar para la solución de ecuaciones cuadráticas por el método de aplicación de áreas. La palabra *elipsis* significa una carencia y se utilizaba cuando un rectángulo dado debía aplicarse a un segmento y resultaba escaso. Mientras que *hypérbola* se adoptó para el caso en que el área excedía del segmento dado y, por supuesto, *parábola* indicaba que no había ni carencia ni excedente. Apolonio aplicó estas palabras en un contexto nuevo, utilizándolas como nombres de las curvas.

La conocida ecuación moderna de la parábola, con vértice en el origen y simétrica respecto al eje de abscisas, es $y^2 = lx$, donde l es el parámetro que en ocasiones se representa por $2p$. Esto es, la parábola tiene la propiedad característica de que para todo punto tomado sobre la curva, el cuadrado construido sobre su ordenada y tiene un área exactamente igual al área del rectángulo construido sobre la abscisa x y el parámetro l. Las ecuaciones de la elipse y de la hipérbola, referidas análogamente a uno de sus vértices como origen, son

$$y^2 = lx \pm \frac{b^2x^2}{a^2}$$

APOLONIO

Apolonio de Perga (c. 260-190 a.C.) parece que nació en Perga, al sur del Asia Menor. Estudió y trabajó una gran parte de su vida en Alejandría y después se instaló en Pérgamo, donde fue el líder de una importante escuela de sabios. De las numerosas obras que se le adjudican, sólo se han conservado 7 de los 8 libros de sus *Secciones cónicas*. Los primeros cuatro libros llegaron en griego y los otros 3 en su traducción al árabe; el supuesto contenido del libro octavo lo reconstruyó el astrónomo E. Halley a partir del contenido de los primeros siete libros y de las informaciones comunicadas por los comentadores de Apolonio. Por su fructífera obra, fue conocido en la antigüedad como *el gran geómetra*.

es decir, en el caso de la elipse $y^2 < lx$ (sección de un cono obtusángulo), mientras que para la hipérbola $y^2 > lx$ (sección de un cono acutángulo) y son estas propiedades de las curvas las que sugirieron los nombres con el cual hoy las conocemos.

Los métodos que usa Apolonio son semejantes en muchos aspectos a los modernos métodos analíticos, esto ha llevado a muchos historiadores a considerar que esta fue una anticipación de la geometría analítica de Descartes. El uso de unas rectas de referencia en general, y de un diámetro y una tangente en uno de sus extremos en particular, no difiere esencialmente, desde luego, del uso de un sistema de coordenadas. Las distancias medidas a lo largo del diámetro a partir del punto de tangencia son las abscisas y los segmentos paralelos a la tangente, interceptada por el diámetro y la curva, son las ordenadas. Así que las relaciones que encuentra Apolonio entre estas magnitudes son formas retóricas de las ecuaciones de las curvas consideradas. Sin embargo, en el álgebra geométrica de los griegos no había lugar para las magnitudes negativas; además, lo que podríamos llamar un sistema de coordenadas venía superpuesto a posteriori a una curva dada para estudiar sus propiedades. No hay ningún caso en la geometría antigua en que se fije un sistema de coordenadas de referencias con el fin de representar gráficamente una ecuación o relación expresada de manera simbólica o retórica. *De la geometría griega puede decirse que las ecuaciones vienen determinadas por las curvas, pero no que las curvas vengan determinadas por las ecuaciones*.

Para garantizar que un lugar geométrico era realmente una curva, los antiguos consideraron necesario o bien reproducirla de una manera estereométrica como una sección de un sólido o describir su construcción de una manera cinemática. Pero ni siquiera explotaron a fondo estos métodos, pues aunque ambos admiten generalización, ellos solo llegaron a conocer una docena de curvas; incluso la *cicloide* parece haberles sido totalmente desconocida. Es claro que la inexistencia de un simbolismo algebraico obstaculizó que Apolonio o alguno de sus contemporáneos desarrollara un tipo efectivo de geometría analítica, pero sin dudas que la pobreza del número de curvas a su disposición también influyó negativamente.

Después de Apolonio, el énfasis heleno de especulación teórica fue matizado con la inclinación oriental y el interés romano por la resolución de problemas prácticos, vinculados a la agrimensura, las construcciones y a la aritmética comercial. Aunque en Alejandría[3] hubo desarrollos teóricos intere-

---

(3) Ciudad fundada alrededor de 320 a.C. por Alejandro Magno en el delta del Nilo, en el antiguo Egipto. Por las condiciones sociales y las atenciones culturales recibidas de sus gobernantes, enseguida se convirtió en epicentro matemático entre el siglo III a.C. y el

santes, como en los trabajos de Herón (s. I d.C.) y Diofanto (s. III d.C.), no se conocen nuevas curvas aparecidas entonces, ni tampoco se avanza en la intelección del concepto *dependencia funcional*.

Quizás valga la pena destacar el trabajo sistematizador de **Pappus de Alejandría** porque nos puede servir de resumen. Pappus distingue de manera clara y precisa entre los problemas llamados *planos*, *sólidos* y *lineales*. Los planos eran los problemas solubles con rectas y circunferencias solamente, los sólidos con una o más secciones cónicas y los problemas que no podían resolverse por medio de líneas rectas, círculos o cónicas se llamaban lineales, debido a que utilizaban líneas (curvas) que tenían un origen más complicado o menos natural que las anteriores.

Pappus expone algunas soluciones dadas a los tres problemas célebres, siendo la duplicación del cubo y la trisección del ángulo ejemplos de problemas de la segunda categoría, mientras que la cuadratura del círculo lo es de problema lineal. Pappus parece aceptar de una manera implícita que estos problemas son imposibles de resolver con regla y compás, porque no los clasifica como problemas planos. No obstante, subrayemos que no será hasta el siglo XIX cuando se completen las demostraciones rigurosas de que ninguno de los tres problemas célebres posee solución con regla y compás, que los dos primeros están relacionados con ecuaciones algebraicas, mientras que la cuadratura del círculo es un problema no algebraico, es decir, trascendente.

Pappus insiste en que debería darse para cada problema una construcción adecuada a su nivel de complejidad, es decir, no deberían usarse lugares

PAPPUS

Existen pocas evidencias de la vida de Pappus (siglos III-IV d.C.), aunque se asegura que vivió y trabajó en Alejandría. Su obra principal *Colección matemática*, en 8 libros, nos ha llegado fragmentada pero bastante completa. Esta obra no sólo presenta demostraciones alternativas y lemas suplementarios de la geometría de los sabios anteriores, sino además ricos comentarios históricos y algunos resultados originales. Pappus escribió también comentarios a obras de astronomía y mecánica, pero estos textos no se han conservado.

---

siglo V d.C. Algunos historiadores llaman *periodo alejandrino* a esta parte de la Antigüedad clásica.

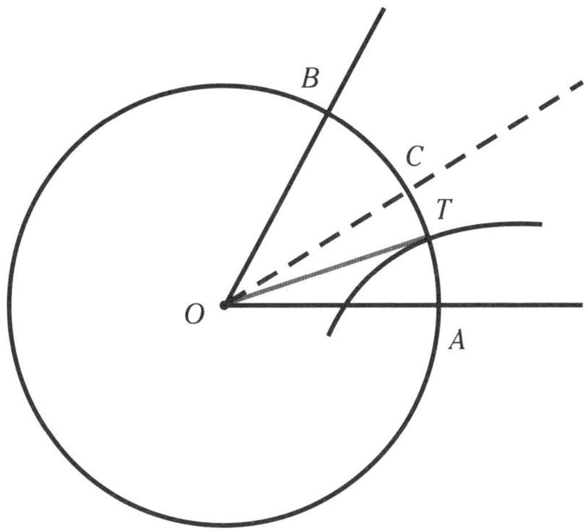

Fig. 12

geométricos lineales en la solución de un problema plano o sólido. Y al afirmar que la trisección de un ángulo es un problema sólido sugiere métodos para resolverlo utilizando secciones cónicas, a diferencia de Arquímedes que había utilizado la espiral que es un lugar geométrico lineal. Concretamente Pappus hace uso de una hipérbola para la trisección de un ángulo y propone el esquema de construcción siguiente: sea AOB el ángulo dado, tracemos la circunferencia de centro O y radio arbitrario $OA = OB$ (Fig. 12) y sea OC la bisectriz del ángulo (que desde muy antiguo sabían hacer con regla y compás). Trácese la hipérbola que tiene uno de sus focos en A, como directriz la recta OC y excentricidad igual a 2. Entonces una rama de esta hipérbola cortará a la circunferencia en un punto T tal que el ángulo AOT es igual a un tercio del ángulo AOB.

En nuestro ligero recorrido durante más de 1.000 años por el mundo antiguo heleno y alejandrino, hemos podido corroborar que la restricción del uso exclusivo de regla y compás para estimar resuelto con rigor un problema geométrico y el hallazgo de situaciones que se mostraban indomables con estas consideraciones, estimuló la búsqueda de nuevas curvas o nuevas *funciones* para las curvas ya conocidas. Por otra parte, la única condición de existencia de una curva era su descripción constructiva. Tales construcciones se realizaban, o como intersección de superficies conocidas, o a través de relaciones que expresaban geométricamente (*no algebraicamente*) una propiedad (*o función*) que determinaba la curva. Esto último es lo que llamarían *symptôma* de la curva, característica que Fermat convertiría en la *propriété spécifique* de la curva. En estas ideas podemos entrever el *germen* del concepto función.

Ejercicios

Ejercicio 2.1 Demuestra que la ecuación de la trisectriz de Hipías en coordenadas polares es $\pi r \operatorname{sen}\theta = 2a\theta$. Dibuja la rama principal de esta curva para

$$-\frac{\pi}{2} < \theta < \frac{3\pi}{2}$$

y analiza porqué Hipías no pudo dibujar esta rama completa.

Ejercicio 2.2

Demuestra analíticamente el método de Arquímedes de trisección de un ángulo que se describe en el texto.

Ejercicio 2.3

Empleando la geometría analítica, prueba que la trisección del ángulo hecha por Pappus con la hipérbola es correcta según nuestros cánones actuales de rigor.

LAS RELACIONES TRIGONOMÉTRICAS EN LA ASTRONOMÍA ORIENTAL (c. 500-c. 1500)

"Era característico que la mayoría de los matemáticos del Oriente fuesen a la vez astrónomos".

Adolph Yushkevich (1906-1993)

Los comienzos de un estudio sistemático de las relaciones entre los ángulos (o arcos) de un círculo y las longitudes de las cuerdas que las subtienden se atribuyen al alejandrino **Hiparco de Nicea** (c. 150 a.C.), a quien se adjudica además un tratado en doce partes que trata de la construcción de una tabla de cuerdas de arcos de un círculo. Se cree que el famoso astrónomo **Tolomeo de Alejandría** (c. 100 d.C.) se inspiró en esta tabla para construir la suya, que daba las longitudes de las cuerdas de todos los ángulos centrales de un círculo en intervalos de medio grado desde (1/2°) hasta 180°, siempre haciendo uso del sistema sexagesimal. En su obra *Almagesto*, Tolomeo demuestra el teorema siguiente:

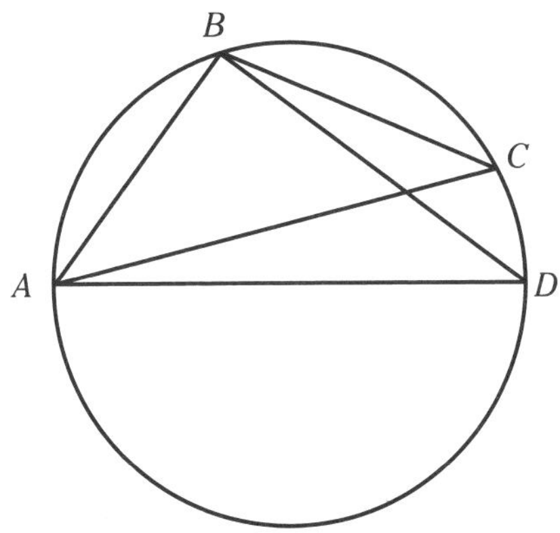

Fig. 13

si *ABCD* es un cuadrilátero convexo inscrito en una circunferencia (ver Fig. 13), entonces

$$AB \cdot CD + BC \cdot DA = AC \cdot BD,$$

es decir la suma de los productos de los lados opuestos es igual al producto de las dos diagonales.

Como corolarios de este teorema se obtienen los resultados que hoy conocemos como las fórmulas para el seno y coseno de la suma o diferencia de ángulos, los cuales, sin duda, constituyeron un instrumento indispensable en la confección de las tablas de cuerdas.

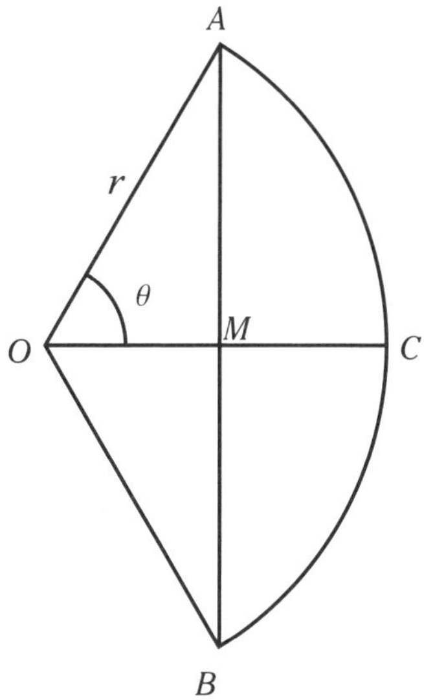

Fig. 14

Aunque la obra en astronomía de los alejandrinos Hiparco y Tolomeo sentó las bases de los fundamentos de la trigonometría, el progreso ulterior fue intermitente y poco sistemático. Alrededor del siglo VI d.C. el estilo del tema sufrió un cambio importante en manos de los *acharya* (maestros) indios. Los tradicionales *siddhantas* (tratados de astronomía), donde la trigonometría jugaba un papel central, fueron perfeccionados. Los *acharya* indios se apoyaron en muchos de los descubrimientos de la matemática helena, pero también introdujeron nuevas ideas que resultarán fundamentales en la constitución de la actual trigonometría. En sus estudios de las relaciones entre los arcos, los científicos indios usaron preferentemente la semicuerda del arco en lugar de la correspondiente cuerda, de uso común para los helenos. Pudiera parecer que este cambio es insignificante, ya que sus longitudes difieren solo en el factor 2, sin embargo, este paso permitió la introducción natural de las relaciones *trigonométricas* utilizando un triángulo rectángulo.

A la semicuerda en sánscrito se le llamaba *jya-ardha*, posteriormente abreviada hasta *jya* para convertirse en el *seno indio*. Con referencia a la Fig. 14 (y en la simbología actual) la relación establecida por los indios es

$$jya\ \theta = AM\ (= r\,\mathrm{sen}\,\theta)$$

Pero en la India se introdujeron y utilizaron otras dos relaciones para los cálculos con arcos de circunferencia, *kojya* y *ukramajya* (coseno y senoverso):

$$kojya\ \theta = OM\ (= r\cos\theta)$$
$$ukramajya\ \theta = MC\ (= r(1 - \cos\theta) = r\,\mathrm{senoverso}\,\theta)$$

Veamos un ejemplo interesante de la forma en que pueden evolucionar las denominaciones y notaciones matemáticas: la transformación de las abreviaturas indias *jya* y *kojya* en las palabras "seno" y "coseno". Los árabes no acostumbraban a usar vocales, de modo que el término sánscrito *jya* lo escribieron como *jyb*. Los primeros traductores latinos, al encontrarse con esta palabra técnica intraducible, la confundieron con otra, *jaib*, que entre otras acepciones, significaba la abertura del vestido de una mujer por el pecho, o seno; así que jaib fue traducido como *sinus*, que en latín tiene varias acepciones, entre ellas *pecho*. Para los maestros indios la notación *kojya* significaba "seno del complementario", lo que se transformó en *sinus complimenti*, abreviada posteriormente como *co.sinus*. ¡Y de ahí vienen las denominaciones actuales *seno* y *coseno*!

Las primeras relaciones entre las magnitudes trigonométricas fueron las que dependían en forma directa del teorema de Pitágoras. Además de la relación fundamental (utilizando la notación actual)

$$\mathrm{sen}^2\theta + \cos^2\theta = 1$$

los indios encontraron la fórmula

$$\mathrm{sen}\,\frac{\theta}{2} = \sqrt{\frac{1 - \cos\theta}{2}} \qquad (*)$$

También confeccionaron los indios tablas de senos y calcularon 24 valores de $jya\theta$ ($r\,\mathrm{sen}\,\theta$) desde $3°45' = 225'$ hasta $90°$ con un intervalo de $225'$. La explicación del procedimiento mediante el cual realizaron estos cálculos no se conoce; sin embargo, es bastante probable que la relación (*) fuera uno de sus pilares fundamentales.

Puesto que los senos indios no son las razones de las correspondientes semicuerdas al radio sino que representan a las mismas semicuerdas, sus valores claramente dependen de la longitud del radio escogido. Al igual que los helenos, los indios medían el diámetro del círculo en las mismas unidades que la circunferencia y para la confección de sus tablas utilizaron el valor $r = 3438'$. Al parecer, este es el resultado del redondeo de 3437,7... que se obtiene para el radio de una circunferencia de longitud $2\pi r = 3600'$, considerando $\pi = 3{,}1416$; valor habitual en la civilización india de la época.

Hay cierta controversia acerca de si la tabla de senos india procede de la tabla de Tolomeo. La diferencia fundamental entre ellas es que Tolomeo expresaba las longitudes de las cuerdas en términos del diámetro del círculo, mientras que en la India lo hacían en términos del radio. Lo que parece más probable es que tanto los astrónomos indios como Tolomeo son deudores de una fuente común: *la astronomía babilónica*.

Mucho antes de la conquista árabe existieron centros científicos y de traducción tanto en Babilonia, Alejandría y en la India, como en Siria y en la Persia de los sasánidas. Así con la formación del imperio islámico tres importantes componentes de la astronomía persa se trasladaron a la astronomía árabe:

1. La astronomía siria, inspirada principalmente en influencias helenísticas y notablemente en las de Tolomeo de Alejandría.
2. Gran parte de la astronomía persa presasánida, que se remonta a la astronomía babilónica del periodo seleúcida y del periodo anterior.
3. La astronomía india que fue trasmitida a Asia central, probablemente durante los dos primeros siglos de nuestra era, cuando regiones como Khwarizm, Partia, Sogdiana y Bactriana, así como gran parte del norte de la India, formaban un mismo imperio.

Por tanto, la cultura científica que se formó en Bagdad, capital del imperio musulmán, surgió de una interacción de estas diferentes tradiciones y alcanzó un alto desarrollo. La máxima contribución de los árabes fue el mantenimiento de esta síntesis creativa. Esto lo realizaron con una mentalidad abierta y con mayor comprensión de la necesidad de equilibrar empirismo y teoría que cualquier otra cultura científica anterior.

Al proceso de síntesis ayudó la tensión creativa entre dos tradiciones principales de astronomía y matemáticas representadas en Bagdad desde los comienzos mismos del dominio islámico. Una tradición derivaba directamente de fuentes indias y persas y queda óptimamente ejemplificada en las tablas astronómicas y en la aproximación algebraica a las matemáticas. Uno de los máximos exponentes de esta tradición fue **Muhammed al-Khwarizmi** (s. IX d.C.). Para él las matemáticas han de tener utilidad y ayudar en problemas prácticos como determinar herencias, construir calendarios o calcular el cumplimiento de observancias religiosas. La otra tradición contemplaba las matemáticas helenísticas, con su fuerte énfasis en la geometría y en los métodos deductivos. El prototipo de esta escuela fue **Muhammed Abul-Wafa** (c. 940-998) quien tradujo textos griegos y fue un autor original en trigonometría y álgebra. Las dos tradiciones finalmente se fusionaron, y hasta llegaron a incluir también algunos rasgos de la tradición numérica china. Después de las conquistas de Gengis Khan (*chêng-sze,* en chino "guerrero valeroso", en turco *khan,* "señor"), líder de las tribus mongoles y tártaras unidas en el siglo XIII, las culturas árabe y china se encontraron. Esto influyó en las obras de astróno-

AL-KHWARIZMI

Abu Jafar Muhammed ibn Musa al-Khwarizmi (c. 780-850) procedía de una familia que, como su nombre indica, era de Kwarezm, al este del Mar Caspio, en el Asia Central. Hacia el año 820, después de adquirir una reputación de sabio, fue invitado por el califa al-Mamun a trasladarse a Bagdad, donde fue nombrado primer astrónomo y jefe de la biblioteca de la Casa de la Sabiduría. Su obra científica versó en álgebra, aritmética, astronomía y geografía.

Escribió diversos libros, entre los que más influyeron están su *Hisab al-jabr w'al-mucabala* (Cálculo por restauración y reducción) de donde proviene nuestra actual *Álgebra* y el *Algorithmi de número indorum* (Cálculo con números indios) su *Aritmética*. Confeccionó un *Zij* cuya traducción al latín, hecha en 1126, a partir de un texto arábigo, editado por el año 1000 en Córdoba, se convirtió en uno de los textos astronómicos con mayor influencia en la Europa medieval. En su libro *La imagen de la Tierra* corrigió la estimación por exceso de Tolomeo de la longitud del Mar Mediterráneo y suministró descripciones más detalladas y precisas de la geografía de Asia y África.

Su mentalidad práctica quedó también reflejada en las tres expediciones que organizó a la India y a Bizancio para realizar observaciones científicas y recoger material de investigación de primera mano. Fue el primero de una serie de notables sabios árabes responsables, en gran medida, de establecer los cimientos de la ciencia moderna.

mos posteriores como **Jamshid al-Kashi** (c. 1360-1435) que formó parte del grupo creado por Ulug Beg ("el gran rey" o "rey astrónomo") en Samarcanda.

A manera de ilustración del tratamiento de algunas relaciones funcionales en el medioevo oriental, examinaremos brevemente la contribución de estos tres matemáticos árabes en la sistematización de la trigonometría.

Desde la época de la dinastía sasánida preislámica las obras que recogían el acervo trigonométrico se denominaban *Zij*. La palabra *zij,* probablemente una deformación de la palabra *pahlavi zeh* (cuerda de un arco), se aplicó posteriormente para todas las tablas astronómicas y geográficas. En los *Zij* se describían los calendarios musulmanes, sirios y persas. Algunos incluían instrucciones de cómo resolver problemas de medición del tiempo y del movimiento de los cuerpos celestes, en particular la salida y puesta del Sol y la Luna, a veces con los correspondientes fundamentos teóricos. Durante el apogeo del imperio musulmán, entre el siglo VIII y el siglo XV, se conocen más de 100 *Zij*, y de 20 de ellos se sabe su autor.

Al-Khwarizmi construyó un *Zij* que iba a ser importante durante casi cinco siglos. Es significativo el origen de este *Zij*, pues indica cómo las matemáticas y la astronomía indias penetraron por primera vez en el mundo árabe. Un historiador árabe cuenta que en el año 156 después de la Hégira (es decir, en el 773 d.C.) un hombre muy versado en astronomía llamado Kanaka vino a Bagdad como miembro de una misión diplomática de Sind, en el noroeste de la India. Traía consigo textos astronómicos indios, entre ellos el *Surya Siddhanta* uno de los más antiguos y completos. El califa al-Mansur ordenó que se tradujeran al árabe algunos de estos textos y que se confeccionara, de acuerdo con los principios dados en ellos, un manual para uso de los astrónomos árabes. Se confeccionó así el *Gran Sindhind*. La palabra *sindhind* deriva de la palabra sánscrita *siddhanta* que significa texto astronómico. Fundamentalmente sobre la base de este texto, así como de otros elementos de la astronomía babilónica y tolomeica, al-Kwarizmi confeccionó su *Zij*.

Al-Kwarizmi también perteneció a un equipo formado por el califa al-Mamun para realizar tareas cartográficas, tales como la medición de la distancia de un grado de longitud en la latitud de Bagdad (el resultado obtenido fue muy preciso: 91 km) y la determinación de la latitud y la longitud de 1200 lugares importantes de la superficie terrestre. Al-Kwarizmi incorporó estos y otros hallazgos en su libro *La imagen de la Tierra*, considerado como la obra más notable sobre el tema después de la *Geografía* de Tolomeo.

Del siglo X en adelante, comenzando con la obra de Abul Wafa, los árabes aproximaron más la función *seno* a su forma moderna definiéndola en términos de un círculo de radio unidad, aunque siguió definida para un arco de un círculo y no para el ángulo subtendido en el centro del círculo.[4] Hay otras dos funciones que los árabes pueden haber tomado de los indios: *kojya* (coseno) y *ukramajya* (seno verso), pero las funciones tangente y cotangente, así como secante y cosecante son de origen árabe, por supuesto, sin usar tal terminología, que es muy posterior[5].

La tangente y la cotangente surgieron inicialmente no como líneas relacionadas con el círculo, sino en la construcción de *relojes de sol*. Estos relojes determinaban la altura del sol mediante el cálculo de la longitud de la sombra de varillas fijadas horizontal o verticalmente. El astrónomo árabe **al-Hasib** (s. IX) examinó la longitud de la sombra s de una varilla de longitud h fijada en forma vertical (Fig. 15*a*) en dependencia de la altura del sol y confeccionó la tabla correspondiente.

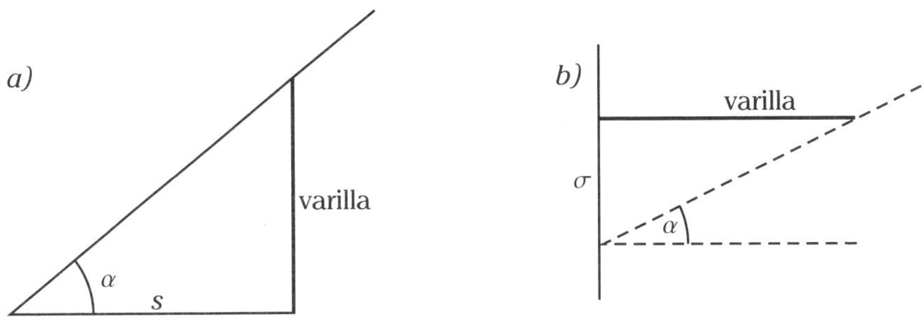

Fig. 15

Considerando $h = 60'$ como la unidad, al-Hasib compuso una tabla de las sombras para α igual a 1°, 2°, 3°, ... con una exactitud de hasta un segundo. Se ve fácilmente que

$$s = h \cot \alpha$$

donde α es el ángulo de elevación del sol sobre el horizonte. Así que esta puede concebirse como una tabla de cotangentes.

---

(4) En Europa el uso del radio unidad comenzó en el siglo XIV y un uso generalizado del círculo de radio unidad, y por tanto de nuestras actuales funciones trigonométricas, en el siglo XVIII, sobre todo debido a las publicaciones de Euler.

(5) En Europa el término tangente y secante lo encontramos en el siglo XVI en la obra de Thomas Fink (1561-1656). Los términos cotangente y coseno aparecen en una publicación de 1620 escrita por E. Gunter (1581-1626).

En el caso de una varilla horizontal (Fig. 15b), la longitud σ de la sombra producida es

$$\sigma = h \tan \alpha$$

y la tabla correspondiente no es otra cosa que una tabla de tangentes.

Las funciones secante y cosecante aparecieron raras veces en las tablas trigonométricas árabes, aunque hay referencias dispersas a ellas en las obras de Abul Wafa. En la segunda mitad del siglo X, **Muhammed Abul-Wafa** va a sistematizar toda la trigonometría conocida en un sistema deductivo y lo publica en una obra que se conocerá en occidente como el *Zij Almagesti de Abul Wafa.* Aquí, por ejemplo, son claramente demostrados los teoremas sobre las fórmulas del ángulo duplo y el ángulo mitad. En su *Zij Almagesti* Abul Wafa da una regla para calcular el seno de la suma de dos arcos y el seno de su diferencia cuando se conoce cada uno de ellos: *multiplicar el seno de uno por el coseno del otro, expresados en sexagésimos, y sumar los dos productos si buscamos el seno de la suma de los dos arcos, o restar si buscamos el seno de su diferencia.*

Abul-Wafa completa las tablas de Tolomeo y le añade una tabla de tangentes, además construye una nueva tabla de senos para ángulos diferentes en 15′ entre sí y con una aproximación equivalente a 8 cifras decimales. Estas tablas eran más precisas que las de Tolomeo.

ABUL-WAFA

Muhammed al-Busgjani Abul-Wafa (c. 940-998) era originario de una provincia del nordeste de Persia y pertenecía a una familia de sabios iraníes. Pronto se hizo célebre como astrónomo y fue llamado a la Casa de la Sabiduría en Bagdad, donde tradujo y comentó la obra de Euclides y Diofanto, además de perfeccionar las tablas astronómicas y los algoritmos de cálculo de sus predecesores.

Desarrolló la tradición tolomeica en su *Zij,* que fue considerado al nivel del *Almagesto.* Utilizó las seis relaciones trigonométricas fundamentales referidas a un círculo de radio unidad. Halló el teorema de los senos para triángulos esféricos. En sus obras de aritmética utilizó con destreza las fracciones y a veces usó los números negativos. También redactó obras de geometría siguiendo la tradición helénica.

AL-KASHI

Jamshid ibn Masud al-Kashi (c. 1360-1436) nació en Kashan en Persia. Hacia 1406 comenzó una serie de observaciones de eclipses lunares en su ciudad natal, pero posteriormente se trasladó a Samarcanda donde existían mejores condiciones de trabajo en la *madraza* (escuela de estudios avanzados en ciencia y teología) establecida por Ulug Beg. En 1427 escribió el tratado *La llave del calculista*, compendio de la mejor aritmética y el álgebra árabes, es su obra mejor conocida porque algunos consideran que en ella, por primera vez, aparecen las fracciones decimales y las reglas para extraer raíces de cualquier grado a los números naturales.

Es seguro que al-Kashi tuvo precursores, pero el indiscutible mérito de su obra aritmética es sugerir que los decimales son también adecuados para los problemas exigentes de una buena aproximación. Se cuenta que circunscribió un círculo en un polígono enorme de 805.306.368 lados para calcular el valor de π con 16 cifras decimales exactas, lo que sólo sería superado a fines del siglo XVI en Europa. En la obra de al-Kashi se encuentra también el triángulo de Pascal relativo al desarrollo del binomio en potencias enteras, posiblemente derivado de los chinos. Escribió una gran cantidad de tratados astronómicos, algunos en persa y otros en árabe.

En resumen, en el siglo X ya se utilizaban las seis funciones trigonométricas, así como diferentes relaciones entre ellas y su expresión tabulada, mostrando la superioridad de la trigonometría árabe con relación a la trigonometría helenística. Pero atención, estas relaciones trigonométricas seguían siendo de carácter geométrico, asociadas siempre a un círculo trigonométrico de radio fijo y el interés se centraba en estimar lo más preciso posible los valores notables de tales relaciones.

En 1256 el califato de Bagdad fue destruido por la invasión de los mongoles de **Hulegu Khan**, nieto de Gengis Khan y un siglo después se creó un nuevo imperio bajo el dominio de **Tamerlán** (1336-1405), cuya capital estaba situada en Samarcanda, en la región que hoy ocupa Uzbekistán. A principios del siglo XV, bajo la dirección de **Ulug Beg** (1394-1449), uno de los nietos de Tamerlán, más conocido como "el rey astrónomo", se agruparon varios sabios en el observatorio de Samarcanda. El trabajo subsiguiente se concentró en reducir los intervalos de medición y aumentar la exactitud de las tablas de senos y tangentes. Así entre las obras de Ulug Beg encontramos tablas para las dos funciones a intervalos de 1/60 de un grado con valores correctos hasta cinco cifras sexagesimales (nueve decimales). Los cálculos para confeccionar tales tablas son impresionantemente laboriosos. Por cada uno de los 90° habría 60 valores, lo que hace un total de 5400 valores.

Quizás el más sobresaliente astrónomo de la escuela de Samarcanda fuera **Jamshid al-Kashi**. En su libro *Risala al-watar wa'l-jaib* (Tratado sobre la cuerda y el seno) abordó el problema de obtener una estimación exacta de *sen*1° diseñando un procedimiento iterativo que implicaba la resolución de ecuaciones cúbicas. Su método recalca algunas de las semejanzas entre los métodos numéricos utilizados con este fin por los chinos y los árabes.

El procedimiento de al-Kashi se basaba en fragmentos de información conservados por los matemáticos árabes, al menos desde unos 300 años antes y constaba de varias etapas. Primero, usando los lados de un triángulo equilátero y de un pentágono regular inscrito en la circunferencia, se podían calcular respectivamente sen 60° y sen 72°. Entonces la fórmula del seno de la diferencia de dos arcos proporcionaba

$$\text{sen}\,12^\circ = \text{sen}\,(72^\circ - 60^\circ)$$

y, usando reiteradamente la relación del seno del arco mitad, podía calcularse sen 3° = 0,052335956. Para obtener sen 1° era entonces necesario relacionar el seno de un arco con el de su tercera parte, cálculo que se realizaba mediante la resolución aproximada de una ecuación de tercer grado. De esta forma, vincularon uno de los famosos enigmas de la Antigüedad clásica, la trisección del ángulo, y la solución de ecuaciones algebraicas.

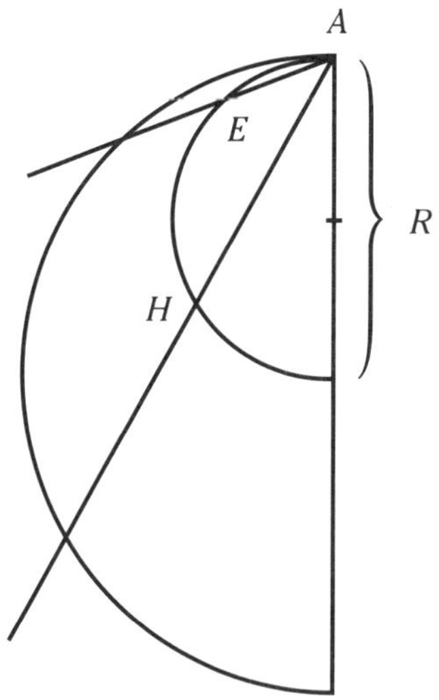

Fig. 16

Para encontrar esta relación en un semicírculo de radio R consideraron un semicírculo de radio $R/2$ como en Fig. 16 y relacionaron el seno del arco AH con el seno de su tercera parte AE. Entonces, haciendo uso del teorema de Tolomeo y de resultados clásicos de la geometría del círculo, probaron la relación

$$4AE^3 + R^2 AH = 3R^2 \cdot AE \qquad (**)$$

Para escribir esta fórmula en la notación moderna, consideremos que al arco AH corresponde el ángulo 6α, por tanto el arco AE corresponderá al ángulo 2α y se tiene que

$$AH = R \operatorname{sen} 3\alpha \qquad AE = R \operatorname{sen} \alpha$$

De este modo, la ecuación se convertirá en

$$\operatorname{sen} 3\alpha = 3 \operatorname{sen} \alpha - 4 \operatorname{sen}^3 \alpha$$

que es en el estilo que aparecerá posteriormente en Viète.

Así que debían resolver la ecuación

$$\operatorname{sen} 3^\circ = 3 \operatorname{sen} 1^\circ - 4 \operatorname{sen}^3 1^\circ$$

o, denotando $\operatorname{sen} 1^\circ = x$, la ecuación cúbica:

$$x^3 - 0{,}75x + 0{,}013083989 = 0$$

Para resolver esta ecuación cúbica al-Kashi utilizó un procedimiento iterativo que, expresado en términos modernos, es como sigue. Para resolver una ecuación de la forma $x = f(x)$, se escoge un valor arbitrario x_0 como una primera aproximación, luego usando la relación $x_n = f(x_{n-1})$ para $n = 1, 2, 3, \ldots$, se obtiene una sucesión de valores $x_1, x_2, \ldots$, que se aproximan cada vez más a la solución independientemente del valor que se escogió para x_0 (siempre que exista $\lim x_n$). En este procedimiento se puede ver un antecedente de los métodos iterativos relacionados con un punto fijo.

Mediante este método al-Kashi calculó el valor (en cifras decimales)

$$\operatorname{sen} 1^\circ = 0{,}017452406437283511$$

con nueve cifras sexagesimales (dieciséis decimales) correctas, una demostración notable de sus capacidades como calculista. Se utilizaron variantes del método de al-Kashi por parte de los astrónomos que trabajaban en Samarcanda, incluyendo su patrono Ulug Beg, quién le rindió tributo a su muerte en el prefacio de su propio *Zij*, llamándolo *el admirable mullah, célebre entre los más famosos del mundo, que había dominado y completado la ciencia de los antiguos, y había resuelto los problemas más difíciles*.

Cuando se produce la muerte de al-Kashi en 1436, la cohesión cultural del imperio musulmán está completamente en regresión y su desintegración política se acentúa progresivamente. Felizmente, el fin de la civilización islámica, en lo que se refiere a las matemáticas, arriba en el momento en que Occidente posee hombres capaces de aceptar y de comprender el legado intelectual que el Oriente se presta a trasmitir.

Ejercicios

Ejercicio 3.1

a) Prueba el teorema de Tolomeo.

b) Supón que $AD = 2r$ es un diámetro del círculo y denota el arco $BD = 2\alpha$ y el arco $CD = 2\beta$, entonces prueba que el teorema de Tolomeo conduce a la identidad

$$\operatorname{sen}(\alpha - \beta) = \operatorname{sen}\alpha \cos\beta - \cos\alpha \operatorname{sen}\beta$$

Ejercicio 3.2

Utiliza el teorema de Tolomeo y resultados de la geometría del círculo para demostrar

$$4AE^3 + R^2AH = 3R^2 \cdot AE$$

Ejercicio 3.3

Utiliza la fórmula de al-Kashi para encontrar el valor aproximado de sen 1° con 3 cifras decimales exactas.

EUROPA DESPIERTA TARDE, PERO ENSEGUIDA SE PONE EN MOVIMIENTO (c. 1300-c. 1650)

"Galileo, en inteligencia y conocimientos matemáticos, poseía todo lo necesario para llevar la física adelante, y es necesario reconocer que fue el primero en hacer notables descubrimientos sobre la naturaleza del movimiento..."

Christiaan Huygens (1629-1695)

El viajar para abrir nuevas rutas comerciales se convirtió en sustento de la codicia tanto de europeos, como de árabes, sobre todo a partir del siglo XIII. Uno de los viajeros más célebres fue **Marco Polo**, que acompañó a su padre y tío en arriesgadas aventuras mercantiles por el Lejano Oriente. Persia, India, Birmania, Tibet, Catay (China) Siam (Tailandia), Japón, Java, Cochinchina (en la actualidad una parte de Vietnam) y Ceilán (en la actualidad Sri Lanka) fueron visitadas y descritas fidedignamente en un libro de viajes que rápidamente se convirtió en el más famoso en los siglos XIV y XV. Estos relatos sirvieron de modelo para la elaboración de mapas más fiables y para estimular el intercambio cultural entre occidente y oriente. Esta mixtura de producciones intelectuales convierte a esta época en un punto de inflexión importante en la historia europea, que algunos historiadores han llamado *Renacimiento* y otros denominan *revolución comercial*, según que se prefieran destacar los aspectos culturales o los económicos.

Por otra parte, desde el siglo XII habían comenzado a funcionar las universidades, instituciones escolares de nivel superior, como las madrazas musulmanas y las escuelas monásticas. Así comienza en Europa una reabsorción del pensamiento de la Antigüedad clásica. En particular, las ideas filosóficas de Aristóteles, observadas con cierto reparo por la jerarquía eclesiástica occidental, pero que habían sido asimiladas y desarrolladas en la obra de sabios musulmanes y judíos y conservadas en algunos monasterios cristianos de

Bizancio, Armenia y Tbilisi, llegaron como aire fresco al occidente europeo. En las universidades de Francia e Inglaterra se le dio especial importancia al estudio de diferentes aspectos de la mecánica y varios fenómenos físicos, basado en las obras de Aristóteles. Particularmente en el tratado de Aristóteles sobre física se exploraba la naturaleza del infinito y la divisibilidad de cantidades continuas. Aristóteles había sugerido a los científicos "*discutir el infinito e investigar si hay tal cosa o no y, si la hay, qué es*".

Los filósofos escolásticos del medioevo respondieron a este reto con discusiones acerca del infinito y la existencia de los indivisibles, discusiones que eran más filosóficas que matemáticas y que, en general, no llegaban a una conclusión realmente científica. Pero esta actividad metamatemática influyó sin duda en la aceptación de las técnicas infinitesimales rechazadas en la matemática helena, que más tarde los pensadores del siglo XVII convertirán en una eficaz herramienta matemática.

Una de las consecuencias más importantes de esta mudanza paulatina en los puntos de vista filosóficos fue que comenzó a estudiarse el movimiento y el cambio en la primera mitad del siglo XIV. Entre los núcleos más importantes donde se llevaban a cabo estas discusiones puede señalarse el grupo de lógicos y filósofos naturales del Merton College en Oxford. Ellos definieron qué se debía entender por movimiento uniforme: *el movimiento será uniforme cuando iguales distancias se recorren en tiempos iguales.*

En particular obtuvieron la denominada *regla del Merton College*: *cuando la velocidad de un objeto crece por igual en intervalos de tiempo iguales desde cero hasta una velocidad v en un intervalo de tiempo t, entonces la distancia recorrida es igual a la mitad de la distancia recorrida por un objeto que se mueve con velocidad constante v en este intervalo de tiempo t.* En notación moderna

$$s(t) = \frac{1}{2}vt$$

Estas ideas van a diseminarse por Francia e Italia a mediados del siglo XIV y ejercerán, sin duda, una influencia importante en el desarrollo posterior de la ciencia, en particular de las matemáticas. Uno de los filósofos que recibió esta influencia fue el francés Nicolás de Oresme, profesor de la Universidad de París.

Una de las nociones lógico-filosóficas que más se discutían era la noción de *forma* y su variación, la *intensidad*. Oresme proporcionó a estas ideas una claridad nueva, precisamente porque se apoyó en la representación geométrica de las magnitudes y su variabilidad, y escribió:

Todo lo que varía, se sepa medir o no, lo podemos imaginar como una cantidad continua representada por un segmento rectilíneo. [...]

Consideraba que para medir la intensidad de cierta cualidad de un objeto era necesario medir su extensión, como, por ejemplo, la velocidad del movimiento a través de la longitud del camino recorrido y el tiempo en que se recorre. Por esta razón propone representar la intensidad mediante segmentos añadidos a los puntos de una recta. A los primeros segmentos los denomina *latitudes* de la cualidad o forma, y a los segmentos en cuyos extremos coloca las latitudes los llama *longitudes*. De esta forma la dependencia entre la intensidad y la extensión de una forma se representa por una figura plana, acotada superiormente por una curva que Oresme llama *línea de las intensidades* (Fig. 17).

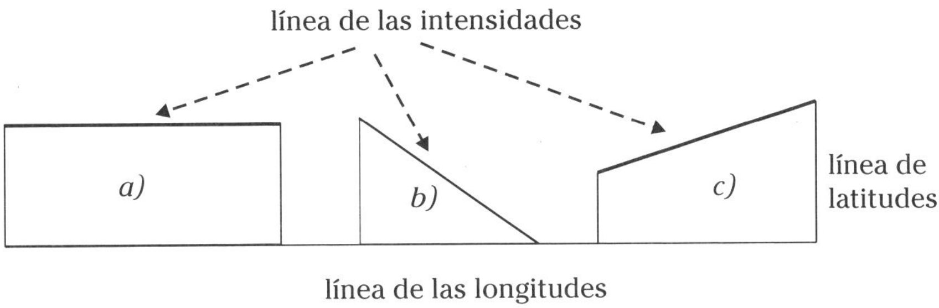

Fig. 17

ORESME

Nicolás de Oresme (c. 1323-1382) nació en Normandía y estudió teología en la Sorbona. Fue de los primeros en publicar sus trabajos en francés. Consideraba la mecánica celeste diferente a la mecánica terrestre, pues para ésta última consideró aplicable la teoría del *impetus*. Sus métodos adelantaron algunas ideas de la geometría de Descartes. Escribió dos tratados sobre proporciones donde introdujo una notación original para las potencias fraccionarias. Utilizó las series infinitas, con un criterio bastante preciso de convergencia y divergencia. Fue rector del Colegio de Navarra, canónico doctoral en Rouen y catedrático en la Sorbona. Hay consenso entre los historiadores de que Oresme fue el matemático más brillante del siglo XIV.

Distingue Oresme tres tipos de cualidades:

a) Las *uniformes*, que tienen intensidad o latitud constante. La relación entre la intensidad y la extensión se representa por un rectángulo, esto es, la línea de intensidad es una recta paralela a la línea de las longitudes (Fig. 17*a*).

b) Las *uniformemente disformes*, que son aquellas para las que *siendo dados tres puntos cualesquiera, la razón de la distancia del primero al segundo a la distancia del segundo al tercero es igual a la razón del exceso de intensidad del primero sobre el segundo al exceso de intensidad del segundo sobre el tercero.* En este caso la representación geométrica de la relación entre intensidad y extensión es un triángulo rectángulo (Fig. 17*b*) o un trapecio (Fig. 17*c*) según que la línea de las intensidades cruce o no al eje de las longitudes.

c) Las *disformemente disformes*, que son los restantes tipos de cualidades. Estas las divide en dos tipos: las sencillas, cuando la línea de las intensidades está formada por un arco de una sola curva, y las complejas, que se obtienen por combinaciones de los tipos anteriores. En la Fig. 18 se muestran algunas de las figuras obtenidas por Oresme para las cualidades complejas disformemente disformes.

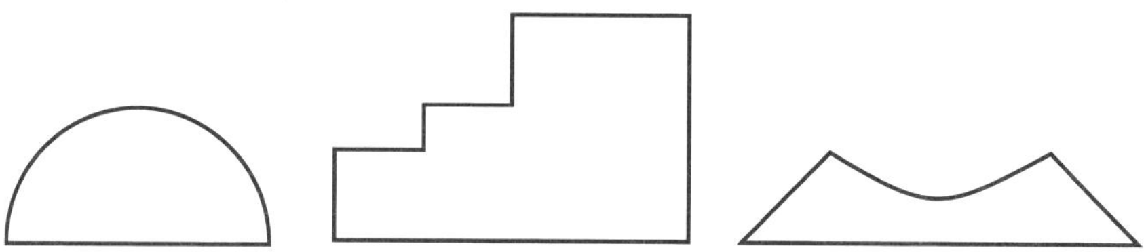

Fig. 18

La representación gráfica facilita a Oresme no solo la expresión más clara de sus ideas, sino que sirve, además, como un medio para obtener resultados. Por ejemplo, la prueba de la regla del Merton College para el caso en que la línea de las intensidades cruza al eje de las longitudes la reduce a demostrar que el área del triángulo *ABC* es igual al área del rectángulo *ABGF* (Fig. 19).

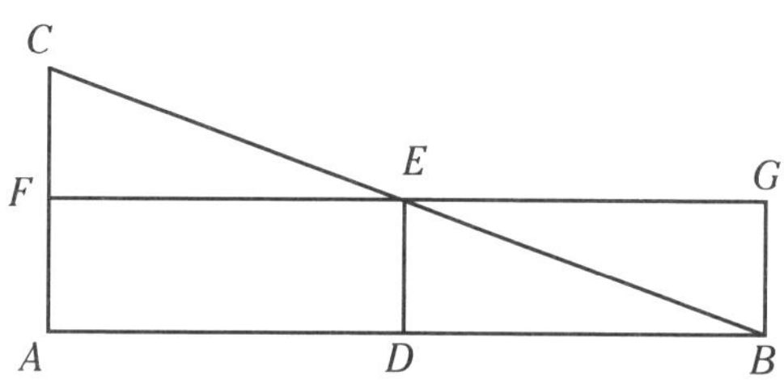

Fig. 19

Aunque la consideración de coordenadas en la forma de longitud y latitud no es en realidad una innovación, Oresme les da un uso completamente nuevo: su objetivo es el *análisis de la relación entre magnitudes variables*. El significado histórico de estas ideas de Oresme reside en:

1) la introducción de la medición de algunas magnitudes físicas mediante segmentos de recta,
2) el reconocimiento de la importancia del estudio de las relaciones funcionales entre estas magnitudes,
3) el estudio de estas relaciones mediante la representación gráfica y el uso de coordenadas.

GALILEO

Galileo Galilei (1564-1642) nació en Pisa y estudió en su universidad, de la que fue profesor en los años 1589-92 antes de pasar a la Universidad de Padua, donde permaneció hasta 1610. En ese año recibió una invitación de los Médicis de Florencia para ejercer como matemático de su corte. Fue miembro fundador de la Academia de los Linces de Roma y escribió varios trabajos sobre ingeniería militar además de sus famosos trabajos sobre mecánica y astronomía. En 1632 fueron publicados sus *Diálogos sobre los dos principales sistemas del mundo* (el de Tolomeo y el de Copérnico), que le llevaron ante la Inquisición. Galileo fue obligado a abjurar de la teoría copernicana y se le prohibió publicar. En 1637 se quedó ciego, pero no obstante continuó investigando. Consiguió que en Holanda le publicaran sus *Discursos y demostraciones matemáticas sobre dos nuevas ciencias* (1638), donde argumentó en contra de la física de Aristóteles y abrió el camino para la dinámica newtoniana. En matemáticas fue el introductor de las ideas sobre el uso de los indivisibles, que ampliaría su alumno Cavalieri, y planteó numerosos problemas que estimularon el desarrollo del nuevo cálculo para el estudio de las curvas y el movimiento mecánico.

El tratado de Oresme no fue publicado, pero en forma manuscrita tuvo gran difusión. En las dos centurias que siguieron a su aparición, las ideas de Oresme y otros filósofos medievales se diseminaron por Europa, incluso en algunas universidades se estudiaba la *teoría de la latitud de las formas*. En particular, estas ideas se extendieron por Italia, donde aparecieron varias publicaciones sobre la latitud de las formas según las ideas de Oresme.

Uno de los científicos influido sin duda por estas ideas medievales fue **Galileo Galilei**, quien vio en ellas las bases de una nueva ciencia: *la cinemática*. Contrariamente al punto de vista estático, que fue casi exclusivo en el tratamiento de las curvas en Grecia, ahora se va iniciar un nuevo punto de vista, el cinemático: *se considerará una curva como la trayectoria de un punto móvil.*

Galileo sustituyó las vagas ideas con que especulaban los filósofos medievales por conceptos susceptibles de medición, y para estas medidas podían encontrarse relaciones matemáticas. Este nuevo enfoque determinó un cambio metodológico radical: la expresión de los fenómenos de la naturaleza mediante relaciones matemáticas expresadas por fórmulas.

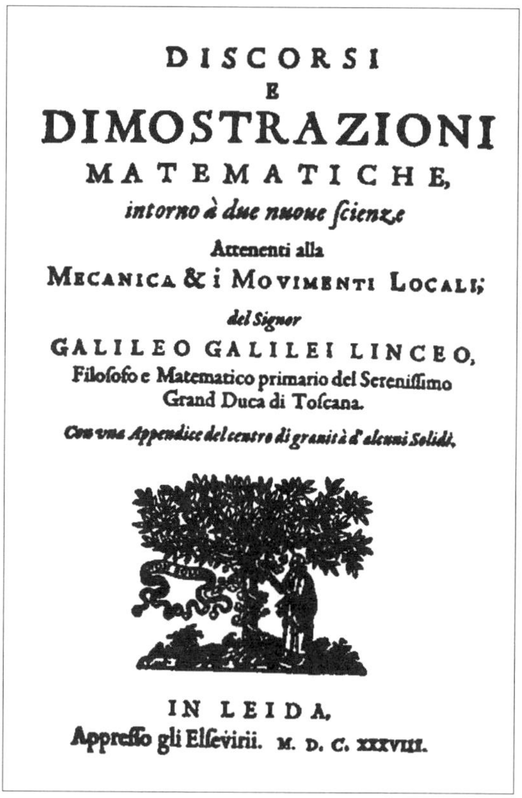
DISCORSI
E
DIMOSTRAZIONI
MATEMATICHE,
intorno à due nuove scienze
Attenenti alla
MECANICA & i MOVIMENTI LOCALI;
del Signor
GALILEO GALILEI LINCEO,
Filosofo e Matematico primario del Serenissimo
Grand Duca di Toscana.
Con una Appendice del centro di gravità d'alcuni Solidi.

IN LEIDA,
Appresso gli Elsevirii. M. D. C. XXXVIII.

Una de las obras donde Galileo expone más nítidamente sus ideas en esta dirección es *Discursos y demostraciones matemáticas sobre dos nuevas ciencias* (1638). Esta es una obra de madurez, que Galileo comenzó a escribir en el mismo año 1633 en que sufrió el proceso por herejía llevado a cabo por la Inquisición y en el cual estuvo a punto de perder la vida. Tenía entonces casi 70 años, su libertad individual totalmente limitada y todo parecía indicar que era un hombre acabado. Sin embargo, demostró que no solo era un gran sabio, sino un hombre con una fuerza de voluntad indomable y escribió la que consideraba su obra más importante.

Los *Discursos* se dividen en partes, que Galileo denomina *Días*, y están escritos en forma de diálogo, donde aparecen tres personajes: *Salviati* (encargado de exponer las ideas del autor), *Sagredo* (que señala los puntos débiles del argumento de Salviati) y *Simplicio* (conocedor de la filosofía aristotélica, pero pobre en conocimientos matemáticos). En esta obra las relaciones entre las variables se enuncian en forma completamente retórica, sin embargo su contenido matemático es muy rico y aparecen esbozadas gran cantidad de ideas, hipótesis, razonamientos y resultados que serán objeto de investigación en las décadas siguientes.

Galileo da una prueba de la regla del Merton College similar en esencia a la de Oresme, pero haciendo uso explícito de los razonamientos con indivisibles. Pero Galileo va mucho más lejos que los filósofos medievales pues realiza un estudio profundo, teórico y práctico, de diferentes formas de movimiento mecánico, es decir, sienta las bases de una nueva ciencia: la mecánica.

Galileo dedujo varios resultados sobre el movimiento uniformemente acelerado (ver ejercicio 4.1) y apoyándose en ellos deduce correctamente que el

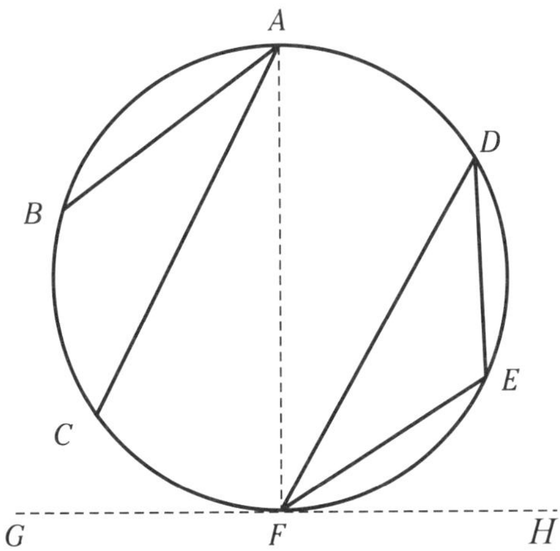

Fig. 20

recorrido del punto *D* al punto *F* se realiza más rápido a través de la poligonal *DEF* que por el segmento *DF* (ver Fig. 20) lo que lo conduce a la afirmación siguiente:

> [...] *puede concluirse que el movimiento más rápido de un punto a otro no ocurre por la línea más corta, la línea recta, sino por un arco de círculo.*

La conclusión de Galileo de que el descenso de *D* a *C* es más rápido por el arco de circunferencia *DC* que por la cuerda *DC* o por poligonales inscritas en el arco es correcto. Sin embargo, el arco de círculo *DC* no es la curva por la que el tiempo de descenso es mínimo, llamada *braquistocrona*. Más adelante veremos que a fines del siglo XVII se demostró que la braquistocrona es un arco de *cicloide*.

También investiga Galileo el movimiento de un cuerpo pesado lanzado con cierta velocidad inicial horizontal. Para ello combina los resultados sobre movimientos uniformes y uniformemente acelerado. El movimiento del cuerpo lo descompone en un movimiento horizontal uniforme y otro vertical uniformemente acelerado y probó que, si se desprecia la resistencia del aire, la trayectoria resulta siempre una parábola. Veamos en este caso los argumentos de Galileo.

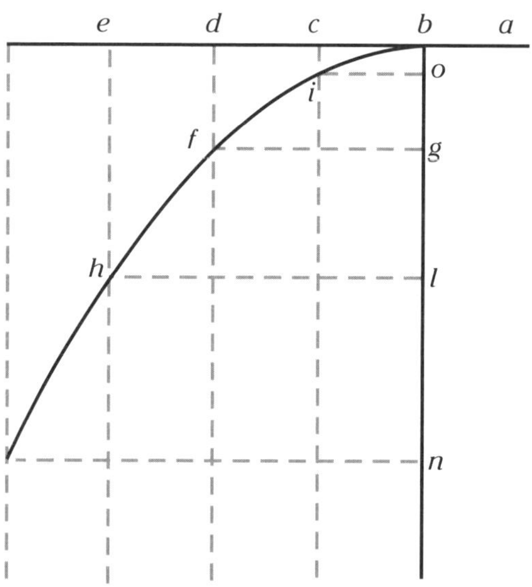

Fig. 21

Considera una línea (o plano) *ab* horizontal (ver Fig. 21) sobre la cual se mueve de manera uniforme un cuerpo, pero que al llegar a *b* pierde su sustento y, debido a su peso, comienza a descender de forma natural en la dirección *bn*. Prolonga la recta *ab* una distancia *be*, con el objeto de utilizarla para la representación del tiempo. Sobre esta recta coloca los segmentos $bc = cd = de$, de longitud arbitraria. Por los puntos *c*, *d*, *e* traza líneas paralelas a *bn*. En la primera de ellas coloca un segmento arbitrario *ci*, en la siguiente, uno $df = 4ci$, en la tercera, $eh = 9ci$. A partir de *b*, al movimiento uniforme horizontal del cuerpo se le añade el de caída vertical según la magnitud *ci*, entonces en el instante *c* el cuerpo se encontrará en el punto *i*. Con razonamientos análogos y utilizando el resultado sobre el movimiento uniformemente acelerado, concluye que en el instante *d* el móvil tomará la posición *f*, en el instante *e* la posición *h*. Entonces resulta claro que

$$\frac{(hl)^2}{(fg)^2} = \frac{lb}{bg} \qquad \frac{(fg)^2}{(io)^2} = \frac{gb}{bo} \qquad (*)$$

de donde concluye que los puntos *i, f, h* están sobre una parábola. Esto puede hacerse con cualesquiera segmentos de tiempo, luego queda probado que la trayectoria del cuerpo es una parábola.

La idea de correspondencia entre conjuntos de puntos aparece en diferentes partes de esta obra de Galileo, especialmente cuando discute las ideas relativas a colecciones de infinitos puntos y las paradojas que provocan. Según Galileo estas paradojas surgen porque *"tratamos con infinitos e indivisibles, los cuales nuestra mente finita no puede entender debido a la inmensidad de unos y la pequeñez de los otros"*. Por ejemplo, en una discusión sobre los problemas relativos a la resistencia de los materiales a ser quebrados, argumenta que *"en un objeto finito, continuo, es posible encontrar un número infinito de espacios vacíos"*.

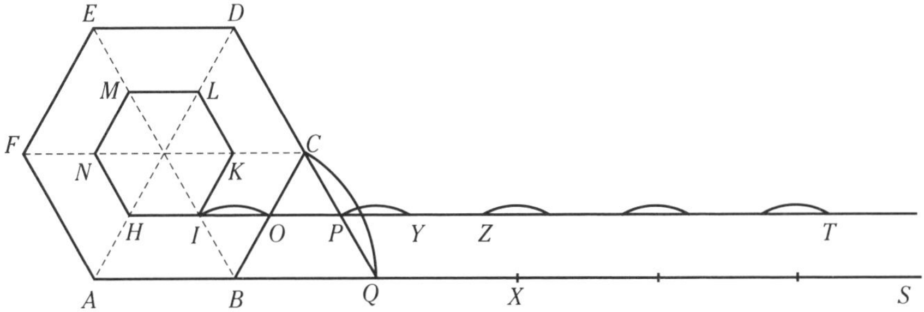

Fig. 22

Para ello, considera (ver Fig. 22) dos hexágonos regulares concéntricos *ABCDEF* y *HIKLMN*. Prolonga los lados *AB* del primero y *HI* del segundo en las direcciones *S* y *T*. Seguidamente supone que *ABCDEF* gira a lo largo de *AS* arrastrando consigo al otro polígono. Cuando el polígono mayor de una vuelta completa se apoya sucesivamente en sus 6 lados, que de esta forma harán contacto con toda la línea *AS*, cuya longitud será igual al perímetro de dicho polígono. Simultáneamente, el polígono menor apoyará sobre la recta *IT* sus 6 lados, culminando en el punto *T*, pero en ese recorrido no contacta con 5 espacios de esta recta (*IO*, *PY*, ...). La diferencia entre las longitudes de los segmentos *HT* y *AS* depende de la magnitud de los lados y evidentemente será menor en la medida que el polígono tenga mayor número de lados.

De este modo Galileo afirma que si se consideran polígonos con miles de lados, el mayor recorrerá una distancia igual a su perímetro, mientras que el menor en ese mismo tiempo recorrerá aproximadamente esa misma distancia, pero formada por miles de segmentos iguales a sus lados y miles de espacios vacíos entre ellos. Seguidamente afirma que en este razonamiento no hay nada dudoso ni inquietante, la paradoja surge cuando se consideran polígonos de infinitos lados, es decir circunferencias concéntricas (Fig. 23): ¡la circunferencia menor recorrerá la línea *CE* cuya longitud coincide con la longitud de la circunferencia mayor! Veamos la explicación de Galileo a esta situación:

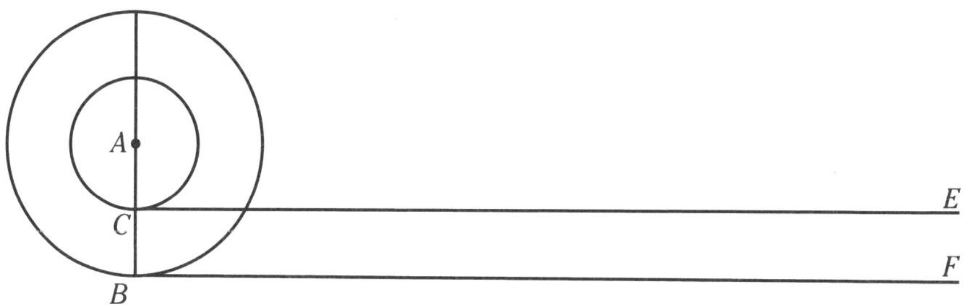

Fig. 23

> *"La línea formada por el recorrido de los infinitos lados de la circunferencia mayor tiene longitud aproximadamente igual a la formada por los infinitos lados de la circunferencia menor si se agregan entre ellos los segmentos, que también serán infinitos, que la circunferencia no toca en su recorrido".*

Este razonamiento cinemático-geométrico de Galileo constituye, sin duda, una forma de establecer una correspondencia entre los conjuntos de puntos de las circunferencias con los de las rectas sobre la cual se desplazan e incluso en su explicación de la paradoja está implícita la idea de correspondencia entre conjuntos infinitos.

Con el objetivo de advertir la dificultad intrínseca en el tratamiento del infinito y del peligro de extrapolar las propiedades de los conjuntos finitos a los infinitos, Galileo presenta la paradoja que aparece cuando se comparan el conjunto de todos los números enteros y sus cuadrados. Por una parte, el primero parece que es *mayor* que el segundo, pues pueden indicarse números enteros que no son cuadrados. Pero por otra, [...] *cada cuadrado tiene su raíz y cada raíz su cuadrado, ningún cuadrado puede tener más de una raíz y ninguna raíz más de un cuadrado*[...]. De este modo parece que ambos tienen el mismo número de elementos y se llega a una situación paradójica. En la frase anterior está expresada claramente lo que, en nuestro lenguaje actual, es la correspondencia biyectiva[6] entre el conjunto de los números enteros positivos y sus cuadrados.

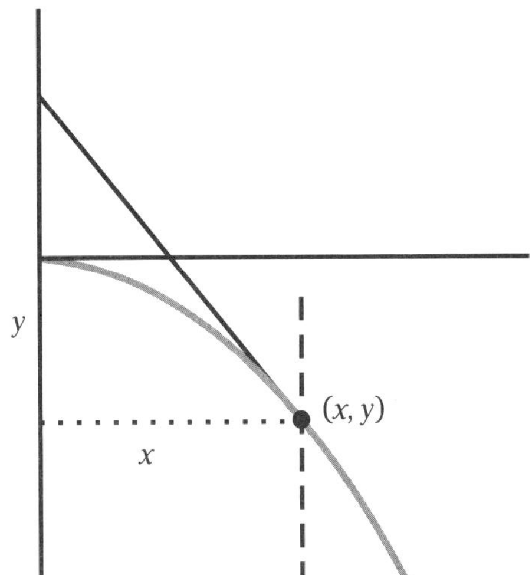

Fig. 24

(6) Una correspondencia f entre los conjuntos A y B es *biyectiva* cuando a todo par de elementos diferentes de A le hace corresponder dos elementos diferentes de B (propiedad de *inyectividad*) y además, para todo elemento b de B existe un elemento a en A tal que $f(a) = b$ (propiedad de *sobreyectividad*). Si A y B son conjuntos finitos, entonces decir que existe una correspondencia biyectiva entre ellos es equivalente a decir que tienen la misma cantidad de elementos.

El desarrollo de las ideas cinemáticas comenzado por Galileo y desarrollado por sus discípulos abrió una nueva perspectiva en la investigación de las curvas. Estas comenzaron a ser consideradas como las trayectorias de un punto en movimiento y la tangente se concebía como la dirección del movimiento en un instante dado. Así surgió la posibilidad de diseñar un método sencillo de trazado de la tangente, el cual era aplicable a gran cantidad de curvas.

Por ejemplo, Evangelista Torricelli, discípulo de Galileo, para determinar la dirección de la tangente a una parábola descompone el movimiento parabólico en un movimiento horizontal y otro vertical. Entonces la tangente tiene la dirección de la diagonal del paralelogramo cuyos lados son las componentes horizontal y vertical de la velocidad (Fig. 24). Usando la notación actual la ecuación de la parábola puede escribirse $x^2 = 2py$, entonces, el resultado de Galileo se reescribe como: las componentes vertical y horizontal de la velocidad en un punto (x, y) están en la relación

$$\frac{dy}{dx} = \frac{x}{p} = \frac{2y}{x}$$

De donde Torricelli concluye que la recta tangente en un punto (x, y) interseca al eje de la parábola en un punto que esta situado en un segmento $2y$ unidades por encima del punto o en un segmento y unidades por encima del vértice de la parábola. Esta misma idea la aplica Torricelli para hallar la tangente a la cicloide y a otras curvas afines.

TORRICELLI

Evangelista Torricelli (1608-1647) estudió matemáticas en Roma. Fue ayudante de Galileo y cuando este murió lo sustituyó como *"filósofo y primer matemático de la Toscana"*. Paralelamente fue profesor de matemáticas en la universidad de Florencia.

Sus trabajos se relacionan con la mecánica, la hidráulica y la óptica, además de las matemáticas. Escribió diversas obras sobre cuadraturas, cubaturas y rectificación de curvas. En uno de sus libros más populares desarrolló la cinemática de Galileo y resolvió varios problemas de balística. Encontró la fórmula del movimiento de los líquidos en un recipiente, inventó el barómetro de mercurio y perfeccionó la forma de preparar las lentes ópticas.

Aunque Torricelli no explicó detalladamente sus ideas, muy posiblemente haya sido el primero en obtener la tangente a una curva mediante la descomposición del movimiento y, lo que es más importante, ejercerá una influencia significativa en los matemáticos ingleses, particularmente en Newton.

Por la misma época en que Galileo estudiaba matemáticamente el movimiento de los objetos, otros hombres de ciencias se ocupaban en la búsqueda de un instrumento que facilitara los largos y tediosos cálculos que era necesario realizar para el procesamiento de los datos astronómicos. Así surgieron los *logaritmos*. Aunque la idea básica de los logaritmos apareció simultáneamente en la obra de varios científicos, comentaremos brevemente las ideas de **John Napier**, pues son las más interesantes desde nuestro punto de vista, pues se apoyan en la noción de velocidad de un punto en movimiento.

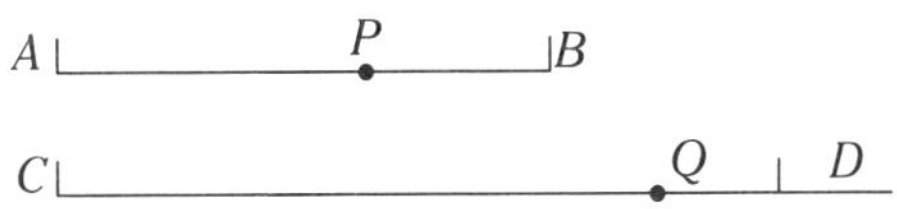

Fig. 25

Napier considera dados un segmento AB y una semirrecta CD (Fig. 25). Un punto P parte de A y se mueve a lo largo de AB con velocidad que decrece proporcionalmente a su distancia hasta B. Supongamos otro punto Q que parte desde C en dirección a D con velocidad uniforme igual a la velocidad inicial del punto P. Napier llama a la distancia CQ el logaritmo de la distancia PB. Además, con el objetivo de obviar lo más posible las fracciones, toma la longitud AB y la velocidad inicial de P como 10^7. Para usar la simbología actual, denotemos $PB = x$ y $CQ = y$, entonces, se ve fácilmente que tiene lugar la relación

$$\frac{dy}{dx} = \frac{-10^7}{x},$$

es decir,

$$\frac{y}{10^7} = \log_{1/e}\left(\frac{x}{10^7}\right).$$

En otras palabras, salvo un cambio de escala, en esencia Napier definió lo que hoy denominaríamos logaritmo en base $1/e$.

Haciendo uso de esta idea, Napier demostró las propiedades básicas de los logaritmos, en particular, la que los convirtió en un auxiliar indispensable para los cálculos con números grandes: $\log(xy) = \log x + \log y$. Por otra par-

JOHN NAPIER

John Napier (1550-1617) nació y vivió en Escocia, donde con el título de Barón de Murchiston administraba sus extensas propiedades. Tuvo una participación activa en los acontecimientos políticos y religiosos de su época. Se ocupó en probar que el Papa era el Anticristo, pero su entretenimiento preferido era el estudio de las Ciencias Matemáticas. Dedicó una parte importante de su vida a inventar los logaritmos y confeccionar las tablas correspondientes. Su obra principal *Descripción de la maravillosa regla de los logaritmos*, se publicó en 1614. En su *Rabdología* publicada en 1617 introdujo otras invenciones para ayudar a los cálculos de extracción de raíces y usar fórmulas de trigonometría esférica.

te, Napier y sus seguidores construyeron tablas de logaritmos cada vez más precisas que resultaron una verdadera revolución en los cálculos numéricos. La denominación dada a esta operación, *logaritmo*, significaba literalmente *"números de relación"*. De modo que la definición neperiana de logaritmo es un ejemplo de la posibilidad que brindan las ideas cinemáticas para representar la variación entre dos magnitudes.

En la segunda década del siglo XVII, los científicos comenzaron a interesarse seriamente por el cálculo de áreas de figuras curvilíneas (cuadraturas) y por el cálculo de volúmenes de cuerpos sólidos no regulares (cubaturas). Inicialmente estudiaron las obras de Arquímedes, que habían alcanzado una amplia difusión en traducciones latinas de la época renacentista. Con detenimiento se reconsideraron los problemas que este había desarrollado y se buscaron soluciones distintas a problemas similares y soluciones análogas a problemas disímiles.

Destaquemos que la única obra en la que Arquímedes explica su método heurístico para la obtención de los resultados sobre áreas y volúmenes era desconocida en esa época. Estos hombres de ciencia solo conocieron las demostraciones formales mediante el *"método de exhaución"* como le llamó entonces el erudito belga **Gregorius de Saint-Vincent** (1584-1667). Este procedimiento no era efectivo para los cálculos que involucraban a figuras curvilíneas y cuerpos no regulares que no habían sido estudiados por Arquímedes.

Una de las curvas más antigua y sencilla que se resistía a ser cuadrada por los métodos encontrados era la *hipérbola de Apolonio*, la curva que hoy expresamos por la ecuación $xy = 1$. Los esfuerzos del mencionado Gregorius de Saint-Vincent y de **Nicolaus Mercator** (1620-1687), de origen alemán pero con una estancia prolongada en Inglaterra, si bien no condujeron a un algoritmo para el cálculo del área bajo esta curva, sí abrieron el camino conducente a una respuesta satisfactoria para este problema. Veamos, en forma sencilla, la esencia de estos razonamientos

Consideremos la hipérbola en su expresión analítica $y = 1/x$ (Fig. 26) y comparemos las áreas de los trapecios curvilíneos $AabB$ y $A'3a3bB'$ determinados por arcos de la hipérbola y con bases situadas respectivamente en los intervalos $[a, b]$ y $[3a, 3b]$. Una subdivisión del intervalo $[a, b]$ determina rectángulos cuya suma de áreas es una aproximación (por defecto o por exceso, según se tomen los rectángulos inscritos o circunscritos) del área $A(a, b)$ del trapecio curvilíneo $AabB$. A toda subdivisión de $[a, b]$ puede asociarse una subdivisión del intervalo $[3a, 3b]$ que determina rectángulos aproximantes para el área $A(3a, 3b)$ del trapecio curvilíneo $A'3a3bB'$. Es fácil comprobar que todo rectángulo con base en las subdivisiones del intervalo $[a, b]$ tiene la misma área que el rectángulo correspondiente en el intervalo $[3a, 3b]$. Por tanto, cualquiera sea la cantidad de subdivisiones realizadas al intervalo $[a, b]$, las figuras poligonales aproximantes (por defecto y por exceso) para los dos trapecios curvilíneos tienen áreas iguales. Por tanto, se puede concluir que también serán iguales las áreas de las figuras $AabB$ y $A3a3bB'$, es

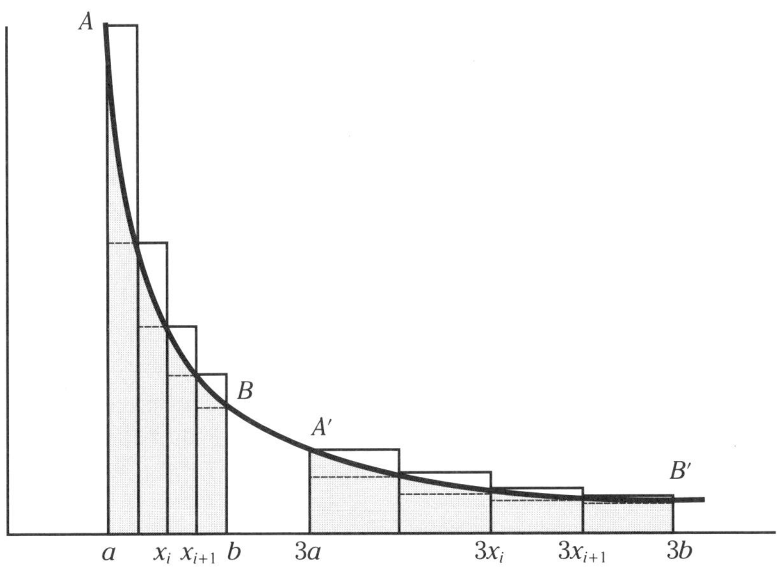

Fig. 26

decir $A(3a, 3b) = A(a, b)$. Análogamente, para un factor de proporcionalidad arbitrario $t > 0$, se obtiene

$$A(ta, tb) = A(a, b)$$

Esta propiedad de las áreas hiperbólicas llamó la atención de un jesuita alumno de Saint-Vincent, **Antoine de Sarasa** (1618-1667), quien observó que *las áreas hiperbólicas pueden hacer el papel de los logaritmos*. Para comprobar esta observación, utilizando terminología actual, denotemos por $L(x)$, cuando $x \geq 1$, el área $A(1, x)$ del trapecio curvilíneo correspondiente al intervalo $[1, x]$, y para $0 < x < 1$ al opuesto del área del trapecio curvilíneo con base en el intervalo $[x, 1]$. Entonces $L(x)$ satisface la propiedad característica del logaritmo:

$$L(xy) = L(x)+L(y)$$

El descubrimiento del carácter logarítmico de las áreas hiperbólicas puso de manifiesto una nueva faceta de los logaritmos, los cuales hasta ese momento se concebían solo como meros instrumentos de cálculo. El nexo establecido entre los logaritmos y la cuadratura de la hipérbola motivó, por una parte, que se pensara en el logaritmo como un instrumento para cuadrar curvas y, por otra, que se utilizara la cuadratura de las curvas como una vía para facilitar la confección de las tablas de logaritmos, tan necesarias en esa época para realizar los tediosos cálculos de la astronomía. Precisamente este segundo aspecto es el que van a desarrollar alrededor de los años 60 del siglo XVII Nicolaus Mercator y Isaac Newton, aunque este último solo lo publicará mucho más tarde.

Mercator, en su obra *Logarithmotechnia*, dedicada en su mayor parte al cálculo de una tabla de logaritmos, dedicó un apéndice a estudiar la relación de los logaritmos con el área hiperbólica y, utilizando resultados muy bien conocidos en la época, encuentra que

$$\log(1+x) = x - \frac{x^2}{2} + \frac{x^3}{3} - \frac{x^4}{4} \cdots$$

Estos resultados sin duda contribuyeron a vislumbrar la naturaleza funcional del logaritmo, aunque el esclarecimiento total de esta cuestión solo se logró a mediados del siglo XVIII, en gran medida debido a la obra de Leonhard Euler, como veremos más adelante en el Capítulo 7.

Por el momento, pasemos a conocer otras ideas que paralelamente a las desarrolladas en este capítulo desbrozaron el camino hacia la matemática de las magnitudes variables y, particularmente, a la expresión simbólica y analítica de las relaciones entre variables.

Ejercicios

Ejercicio 4.1

Si *MN* es un plano inclinado y *MO* la vertical correspondiente, Galileo argumenta físicamente que la velocidad a lo largo de la vertical *MO* se relaciona con la velocidad en el plano inclinado *MN* como *MN* es a *MO*. Usa este resultado para probar:

a) Los tiempos de descenso por planos con igual longitud, pero diferentes inclinaciones, se relacionan entre sí de forma inversa a la raíz cuadrada de sus alturas.

b) Si desde el punto más alto *A* de un círculo construido sobre el horizonte *GH* se trazan diferentes planos inclinados *AB* y *AC* que terminan en la circunferencia, entonces el tiempo de descenso para ellos es el mismo (ver Fig. 20).

Ejercicio 4.2

Demuestra que las relaciones

$$\frac{(hl)^2}{(fg)^2} = \frac{lb}{bg} \qquad \frac{(fg)^2}{(io)^2} = \frac{gb}{bo}$$

significan que los puntos están situados sobre una misma parábola.

Ejercicio 4.3

Comprueba que el método seguido por Torricelli para determinar la tangente a la parábola es correcto.

Ejercicio 4.4

Prueba que la función de área hiperbólica $L(x)$ satisface la relación $L(xy) = L(x)+L(y)$ para todos los valores de x e y positivos.

Ejercicio 4.5

a) Utilizando la definición de $L(x)$ dada, demuestra que

$$\frac{1}{x(1+\Delta x)} \leq \frac{L(x+\Delta x) - L(x)}{\Delta x} \leq \frac{1}{x}$$

b) Explica por qué la función $L(x)$ coincide con el logaritmo de base e o neperiano. Esta relación del logaritmo neperiano y con el área hiperbólica motiva que se les conozca también como *logaritmos hiperbólicos.*

LA DIMENSIÓN ALGEBRAICA DE LAS CURVAS (c. 1550-c. 1650)

"Es tanta la ventaja de un lenguaje bien construido que frecuentemente su notación simplificada deviene la fuente de profundas teorías".

Pierre Simon de Laplace (1749-1827)

El siglo XVI representa para el álgebra un momento revolucionario en varios sentidos. Los algebristas no solo introducen una eficaz técnica algorítmica que facilita la resolución de ecuaciones, sino que, inspirados por la idea de crear un arte simbólico de razonamiento como instrumento fundamental de investigación matemática, renovarán la tradición matemática griega basada en el *apagoge*. Proclo, el neoplatónico del siglo V, define el *apagoge* en sus comentarios como *una reducción de un problema o teorema a otro que, si es conocido o determinado, conduce a la solución de la cuestión propuesta*. El *apagoge* para los algebristas del Renacimiento no será otra cosa que la metodología del análisis o *Ars analytica*.

Pero como a fines del siglo XVI la idea de estudiar una ecuación de tipo general como representante de toda una clase no había hecho su aparición, ante todo se hacía necesario distinguir entre los papeles desempeñados por la incógnita variable y los coeficientes constantes, esto es, los parámetros de la ecuación.

La idea crucial de distinción entre variable y parámetro se debe a **François Viète,** conocido también por la forma latinizada Franciscus Vieta. En su célebre tratado de álgebra *In artem analyticen isagoge* (Introducción al arte analítico), Viète realiza una distinción clara y explícita entre variable y parámetro, y basándose en la obra de sus predecesores, tanto europeos como árabes, introduce una simbología especial que permitió la expresión de ecuaciones

VIÈTE

Los intereses matemáticos de François Viète (1540-1603) se desarrollaron a través de clases privadas a la nobleza. Toda su vida trabajó en el perfeccionamiento de la trigonometría y en su uso en la astronomía tolomeica. En 1571 se estableció como abogado en París y poco después fue elegido como consejero de Enrique III. En 1579 publicó su *Canon mathematicus* que contiene parte de sus resultados trigonométricos con las seis funciones básicas.

Se hizo notoria su habilidad para descifrar mensajes secretos y por su capacidad de trabajar sin interrupción durante tres días completos.

Sus resultados en álgebra, aritmética, y trigonometría, fueron decisivos para la transición a la matemática de las magnitudes variables. Su obra cumbre fue su famoso tratado de álgebra *In artem analyticen isagoge* (Introducción al arte del análisis) publicado parcialmente en 1591 y de forma completa póstumamente en 1624.

y la formulación de sus propiedades. De esta forma, se pasó de operar solo con números a realizar operaciones también con las propias expresiones algebraicas.

Aunque la obra de Viète representa un salto cualitativo impresionante en la teoría de las ecuaciones europea, también debemos decir que el *Arte analítico* de Viète todavía carece de la simbología adecuada y sigue siendo bastante retórico. Por ejemplo, la ecuación $x^3+3Bx = D$ en la *logistica speciosa* de Viète sería:

A cubus + B plano 3 in A aequari D solido

La notación y terminología de Viète tuvo que ser perfeccionada por sus seguidores más jóvenes.

Por otra parte, el interés de Viète por el desarrollo del simbolismo algebraico estuvo relacionado estrechamente con la utilidad que éste tenía para la resolución de los problemas trigonométricos que de forma creciente de-

DESCARTES

René Descartes (1596-1650) nació en el seno de una familia de la pequeña aristocracia. Fue alumno de los jesuitas en el afamado colegio de *La Flèche* y después estudió derecho y medicina en la Universidad de Poitiers. Ingresó como voluntario en el ejército de Mauricio de Nassau y durante 9 años (de 1617 a 1625) alternó el servicio militar, como soldado raso, con sus viajes de aprendizaje por Europa, donde se encontró con eminentes sabios y se interesó por las ciencias matemáticas así como por la construcción de instrumentos ópticos.

A su regreso a París en 1625 se granjeo una reputación de filósofo irreverente que le ganó tantos admiradores como detractores, sobre todo entre los poderosos jesuitas. En el otoño de 1628 se instaló en Holanda, el país más liberal en aquella época. Allí escribió su primer tratado, que versó sobre las *Reglas para la dirección del espíritu*, pero no consiguió que ningún editor se interesara por él (sería publicado póstumamente en 1701). Vivió en Holanda casi 20 años, hasta que también allí fue criticado por sus ideas filosóficas racionalistas. Aceptó entonces la invitación de la reina Cristina de Suecia y se trasladó a Estocolmo. Aparentemente, el clima afectó a su salud y poco después murió de una neumonía. Su obra más famosa, *El discurso del método*, fue publicada en 1637 en Leyden (Holanda) sin el nombre de su autor. Como apéndice apareció su única publicación propiamente matemática, *La geometría*, aunque toda su obra publicada, manuscrita o en cartas, está llena de su inclinación particular hacia las matemáticas, a las que consideraba como modelo para el desarrollo de todas las otras ciencias. A través de sus cartas se ha podido saber que tuvo interesantes ideas sobre la solución de los problemas de medidas de magnitudes geométricas y mecánicas que nunca fueron publicadas. En 1663 sus publicaciones fueron incluidas en el Índice de las obras prohibidas por la iglesia católica.

mandaban las ciencias de la navegación como la astronomía. Este hecho matizó en gran medida su trabajo y no le permitió advertir la importancia que podía alcanzar como metodología para el tratamiento de los problemas puramente geométricos. Así que Viète puede ser considerado como iniciador del álgebra simbólica con la distinción de las variables y las constantes en una ecuación, pero nunca como iniciador del estudio de la variabilidad.

Los aportes analíticos de Viète y el reconocimiento, a comienzos del siglo XVII, de las matemáticas como instrumento básico para el estudio de los procesos mecánicos, promovieron una revisión profunda de los métodos matemáticos y de la interrelación entre sus dos grandes ramas: la geometría y el álgebra. Los problemas eran cada vez más complejos y su visualización geométrica resultaba una gran ayuda en los razonamientos, pero la nueva álgebra evidenciaba ser la vía idónea para la realización de los cálculos. Se abre así un nuevo camino entre las ciencias de las curvas y el arte analítico. La construcción de este camino demorará más de un siglo para adquirir reconocimiento y establecerse con su nombre propio de *geometría analítica*. Pero ya en las primeras décadas del siglo XVII este proyecto tuvo dos grandes pioneros: **René Descartes** y **Pierre de Fermat**.

La motivación de Descartes por las matemáticas tiene tres fuentes principales: sus meditaciones filosóficas, sus estudios sobre la naturaleza y su interés por los usos de la ciencia. Muy temprano llegó a la conclusión de que la lógica en sí misma era estéril:

> *"En cuanto a la lógica, los silogismos y los demás preceptos son de utilidad para la comunicación de lo que ya sabemos, o... incluso para hablar sin juicio de cosas que ignoramos, pero no para investigar lo desconocido".*

Este punto de vista provoca que Descartes abandone el viejo paradigma formal euclidiano e incluso declara explícitamente su propósito de transformar el objetivo de la geometría:

> *"He decidido abandonar la geometría abstracta, es decir, la consideración de cuestiones que solo sirven para ejercitar la mente, para estudiar otro tipo de geometría que tiene por objeto la explicación de los fenómenos de la naturaleza".*

Descartes comienza su obra *La geometría* definiendo las operaciones algebraicas con segmentos de rectas. Mantiene las expresiones *cuadrado* y *cubo* para a^2 y a^3 pero, a diferencia de los antiguos que las interpretaban como área y volumen respectivamente, consideró que podían representar también segmentos de recta. Esta idea resultará crucial para el perfeccionamiento de la metodología algebraica, pues eliminará el requerimiento de la homogeneidad en las fórmulas. Por ejemplo, en la figura Fig. 27, que corresponde a la página 2 de la obra original, muestra cómo multiplicar geométricamente dos segmentos *BD* y *BC*, siendo el segmento *AB* la unidad de medida. Simplemen-

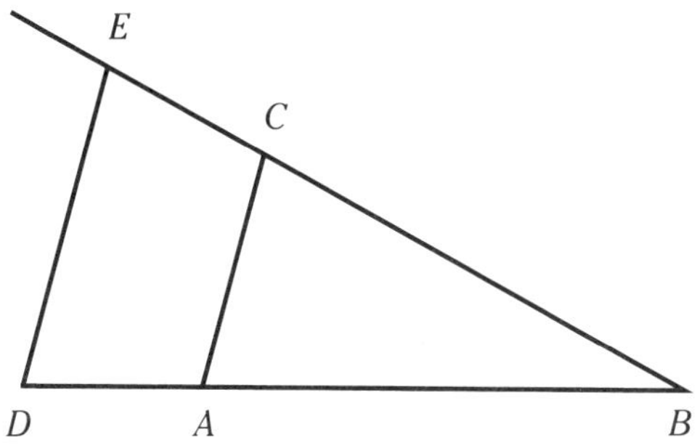

Fig. 27

te, debe unir los puntos A y C y a continuación trazar por D una paralela a la recta AC. Esta recta cortará la prolongación de la recta BC en E. El segmento BE será precisamente el producto buscado. En efecto, las propiedades de semejanza de triángulos nos permiten escribir

$$\frac{BD}{AB} = \frac{BE}{BC}$$

de donde sigue inmediatamente que $BD \cdot BC = BE \cdot AB = BE$.

Uno de los principales problemas que se propuso Descartes fue plantearse qué líneas son el objeto de estudio de la geometría. Inicialmente dio una respuesta de carácter cinemático: *las líneas geométricas son las producidas por el movimiento de un punto o por la sucesión de tales movimientos, donde cada movimiento está determinado por los anteriores.* Así eliminaba de la geometría todas aquellas líneas descritas por movimientos entre los cuales no existía una relación que fuera mensurable en forma exacta. Pero, pronto desarrolló su convicción de que todas las matemáticas debían basarse no en la cinemática, sino en los métodos del álgebra.

Descartes fue mucho más sistemático que Viète en su álgebra simbólica y en la interpretación geométrica del álgebra. Su simbología era muy parecida a la actual (o más exactamente, nuestra notación es heredera de la de Descartes), con las primeras letras del alfabeto para los parámetros y las últimas para las variables o incógnitas. Pero hay una diferencia, mientras que nosotros concebimos los parámetros e incógnitas como números, él los consideraba segmentos de rectas.

> *"Cualquier problema de geometría puede reducirse a términos tales que el conocimiento de las longitudes de determinados segmentos es suficiente para su construcción".*

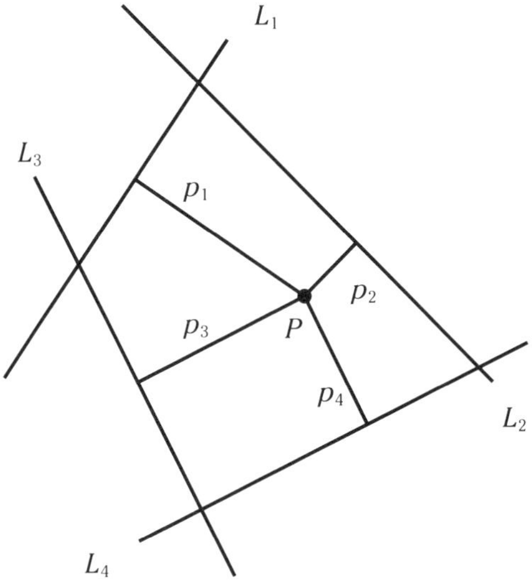

Fig. 28

Descartes concibió *La geometría* como un apéndice de su ensayo filosófico *El discurso del método*, en el que discute previamente los méritos relativos del álgebra y la geometría. Descartes acusaba a la geometría de apoyarse demasiado en diagramas y figuras que fatigan la imaginación y al álgebra de ser un arte confuso y oscuro que desconcierta la mente. Así que el objetivo de su método era doble: disminuir todo lo posible el uso de las figuras en la geometría a través de los métodos algebraicos, y darle un significado concreto a las operaciones del álgebra por medio de su interpretación geométrica.

En una primera fase de su obra geométrica, Descartes se interesa fundamentalmente por los problemas de construcciones y para ellos utiliza el método analítico de los griegos y el álgebra como los instrumentos básicos.

Descartes aplicó su método para resolver el antiguo problema de las tres rectas y será este tipo de problema, y sus generalizaciones a un número mayor de rectas, el que le servirá de hilo conductor para su obra. Veamos en qué consiste este problema:

Dadas tres (o cuatro, L_1, L_2, L_3, L_4 en Fig. 28) *rectas en un plano, se quiere hallar el lugar geométrico de un punto P que se mueve de tal manera que el cuadrado de la distancia de P a una de estas rectas es proporcional al producto de las distancias a las otras dos (o en el caso de cuatro, el producto de las distancias* p_1, p_2 *a dos de ellas es proporcional al producto de las distancias* p_3, p_4 *a las otras dos) midiendo siempre estas distancias en direcciones tales que formen ángulos dados* ($\pi/2$ en Fig. 28) *con las líneas correspondientes.* Es decir, la condición se expresa como

$$p_1 p_2 = k p_3 p_4$$

donde k es una constante.

Descartes demostró que este problema conduce siempre a una cónica. Entonces decidió poner a prueba la eficacia de su método con el análisis del problema para mayor cantidad de rectas.

Examinemos, siguiendo a Descartes, un problema particular para 5 rectas: el caso en que 4 de las rectas L_1, L_2, L_3, L_4 son paralelas y situadas a igual distancia a y la quinta L_5 es perpendicular a las otras cuatro. Consideremos un punto P y denotemos por p_i la distancia de este punto a la recta L_i. Entonces, tomando como constante de proporcionalidad la misma constante a, se quiere encontrar el lugar geométrico de los puntos P tales que se cumple que

$$p_1 p_2 p_3 = a p_4 p_5$$

Podemos considerar a L_4 y L_5 como los ejes coordenados y de esta manera, para el punto P situado en la Fig. 29, se tiene que

$$p_4 = x \qquad p_5 = y \qquad p_1 = a+x \qquad p_2 = a-x \qquad p_3 = 2a-x$$

de donde se obtiene la ecuación

$$(a+x)(a-x)(2a-x) = axy$$

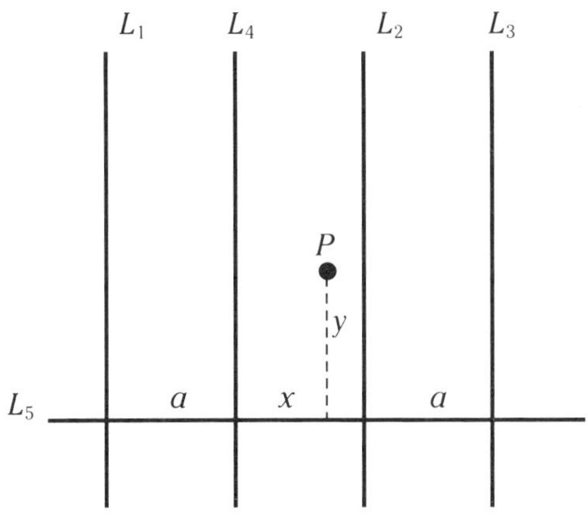

Fig. 29

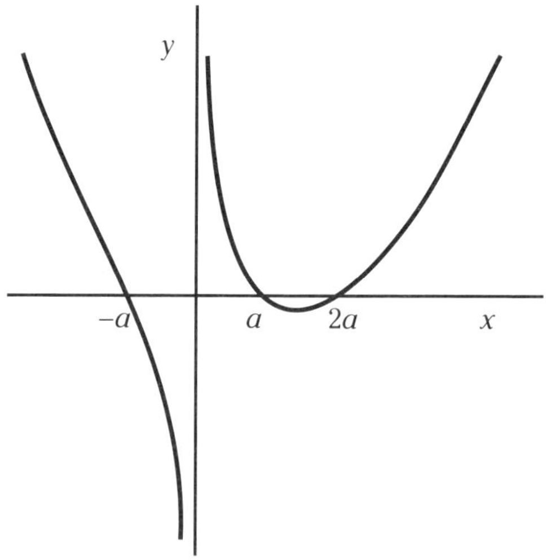

Fig. 30

Se puede comprobar fácilmente que para cualquier otra posición de P se llega también a la ecuación anterior. Así que el lugar geométrico buscado vendrá dado por una ecuación cúbica que Newton llamaría *parábola cartesiana o tridente* (Fig. 30).

El método desarrollado por Descartes amplió las posibilidades en la resolución de problemas de construcciones geométricas y, con ello, la cantidad y variedad de tipos de curvas. En efecto, con los métodos de los antiguos eran poco más de una docena las curvas que conseguían construirse; a partir de los resultados de Descartes era posible estudiar todas aquellas que eran expresables por una ecuación algebraica. De esta forma fue descubierto un vasto universo de nuevas curvas que era necesario estudiar y clasificar.

Descartes criticó, además, la renuencia de los antiguos helenos a utilizar curvas que no pudieran construirse con la regla y el compás, e ideó varios instrumentos articulados para construir curvas complicadas, pero siempre con la restricción de que los diferentes movimientos que sirvieran para describir la curva pudieran relacionarse unos con otros. De este modo consideró aceptables dentro de la geometría, es decir, de las matemáticas, a las curvas que denominó *geométricas* y que según sus propias palabras son aquellas tales que *"todos sus puntos tienen alguna relación con los puntos de una recta, que puede ser expresada mediante una ecuación..."*. A las restantes curvas, es decir, a las actualmente llamadas *trascendentes*, las denominó igual que los griegos: *curvas mecánicas*, pues al ser su descripción inexacta no eran susceptibles de ser analizadas con las herramientas geométricas.

FERMAT

Pierre de Fermat (1601-1665) nació en la villa de Beaumont-de-Lomagne. Su padre era un rico comerciante que le dio facilidades para recibir una instrucción muy sólida y estudió derecho en la Universidad de Toulouse, ciudad donde pasó el resto de su vida, ganándose una reputación de excelente abogado. Fue magistrado y tuvo oportunidad de dedicarse a sus aficiones principales: la lectura y la resolución de problemas matemáticos. Leyó muchos libros de los clásicos y hasta se dedicó a restituir dos libros de Apolonio a través de las informaciones contenidas en las *Colecciones* de Pappus.

En vida no publicó casi nada sobre matemáticas, sólo sus innumerables cartas a los sabios de la época, como Pascal, Roberval, Descartes, Huygens, Wallis, Cavalieri y Torricelli, entre otros muchos, sirvieron como prueba de su sagacidad y consagración, que le valieron ser considerado "le grand geomètre" del siglo XVII. La fama, bien merecida, no perturbó su carácter afable, exento de cualquier tipo de prepotencia o arrogancia, abierto siempre para todos. Son célebres sus trabajos sobre teoría de números, geometría y cálculo de magnitudes. Lagrange gustaba de decir que el verdadero creador del análisis infinitesimal había sido Fermat. Su hijo Samuel recopiló sus manuscritos matemáticos y en 1679, catorce años después de su muerte, logró al fin su publicación.

También estableció Descartes distinción entre las curvas algebraicas, clasificándolas por *género*, dependiendo del tipo de problema geométrico que eran capaces de resolver. Esta clasificación no resultó útil y por tanto no se mantuvo; sin embargo, consideramos de capital importancia la aparición de la necesidad de clasificación, pues esta necesidad por sí misma apunta a la presencia de *una noción general y abstracta de curva*.

En la misma época que Descartes desarrollaba sus ideas, Fermat se propuso la reconstrucción de la obra de Apolonio *Lugares planos*, haciendo uso de la simbología algebraica introducida por Viète. Descartes publicó su método en 1637, mientras que las ideas de Fermat no se publicaron hasta 1679, mucho después de su muerte. No obstante estas ideas se transmitieron antes a través de la nutrida correspondencia que mantenía Fermat con los sabios de la época, en particular con el propio Descartes.

Un subproducto importante de este esfuerzo de reconstrucción resultó ser el descubrimiento del principio fundamental de lo que sería la geometría analítica. Las ideas fundamentales de Fermat sobre esta cuestión fueron desarrolladas en un manuscrito que tituló *Ad locos planos et solidos isagoge (Introducción a los lugares planos y sólidos)* y en el mismo escribe:

> *"Siempre que en una ecuación finalmente aparezcan dos cantidades incógnitas, tendremos un lugar geométrico al describir el extremo de una de ellas una línea, recta o curva.*
>
> *Cuando el punto final de la cantidad desconocida describe una línea recta o círculo, tenemos un lugar plano; cuando describe una parábola, hipérbola o elipse, entonces tenemos un lugar sólido; si aparece otra curva, entonces es un lugar lineal".*

Aclaremos que la terminología de lugares *planos*, *sólidos* y *lineales* es heredada de los antiguos helenos y ya la mencionamos al final del Capítulo 2 al relacionar algunos aportes de la obra de Pappus de Alejandría.

Tanto Descartes como Fermat veían en los lugares geométricos un medio auxiliar para la resolución gráfica de ecuaciones. Pero mientras que el objetivo de Descartes era la resolución de problemas geométricos difíciles, Fermat estudió sistemáticamente los lugares geométricos sencillos. De forma semejante a los cursos actuales de geometría analítica, Fermat comienza con el estudio de la ecuación lineal y muestra que representa una línea recta. También demuestra, por ejemplo, que la representación de $xy = k^2$ es una

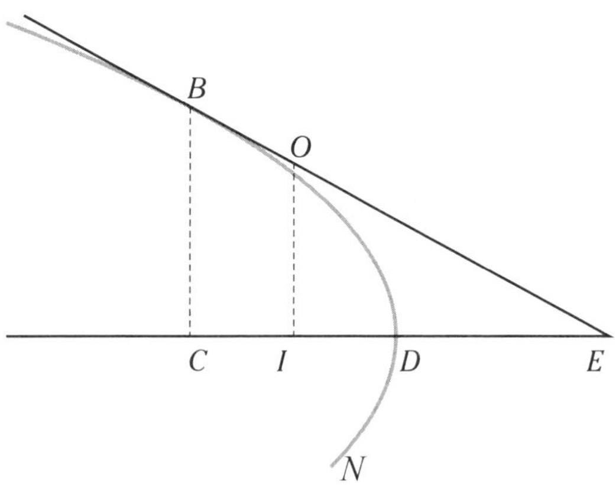

Fig. 31

hipérbola y que una ecuación de la forma $xy+a^2 = bx+cy$ se puede reducir a la anterior por medio de una traslación.

Fermat estudió los lugares geométricos dados por ecuaciones de la forma $y = x^n$ y para curvas polinómicas encontró un método ingenioso para hallar los puntos de máximo y mínimo, método éste que adaptó para realizar el trazado de tangentes a las curvas.

Veamos cómo procede Fermat para trazar la tangente a una curva.

Se considera la parábola *BDN* y un punto *B* sobre ella en el cual se quiere encontrar la tangente *BE* (Fig. 31). Para determinar esta recta basta encontrar el punto *E* situado sobre el eje de la parábola y unirlo con el punto dado *B*.

Seleccionemos el punto *O* sobre la recta *BE* y tracemos su ordenada *OI*, así como la ordenada *BC* del punto *B* sobre la parábola. Como *B* está dado, se conoce el segmento *BC*, luego el punto *C* y el segmento *CD*. Sean

$$CD = d \qquad CE = a \qquad CI = e$$

se requiere encontrar el valor de a.

Como el punto *O* es exterior a la parábola

$$\frac{CD}{DI} > \frac{BC^2}{OI^2}$$

pero los triángulos *BCE* y *OIE* son semejantes, luego se obtiene

$$\frac{d}{d-e} > \frac{a^2}{a^2+e^2-2ae}$$

de donde $de^2 - 2dae > -a^2e$. Entonces sustituye la desigualdad (>) por una aproximación ($\approx$), divide por e y obtiene

$$de+a^2 \approx 2da$$

Finalmente elimina el sumando *de* y llega a que

$$a = 2d$$

Fermat no justificó su método en una forma satisfactoria para las exigencias de la época. Esto motivó que Descartes, al conocer el método, lo atacara negando su validez general. Para confirmar su opinión, desafió a Fermat a utilizarlo con la curva que, desde entonces, se conoce como *folium de Descartes*:

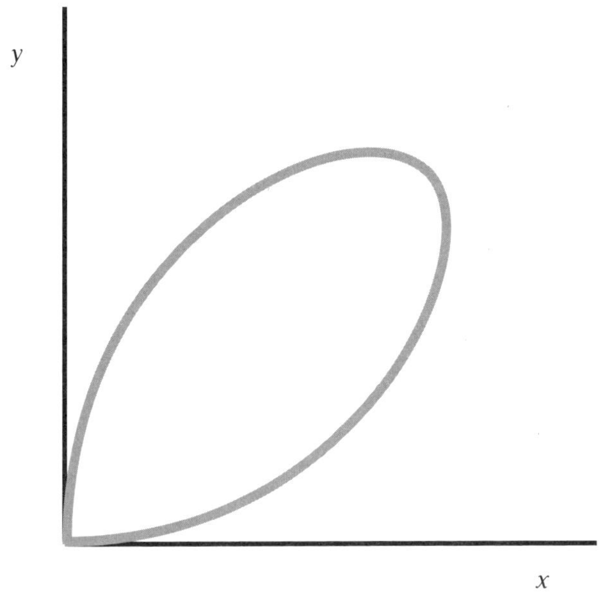

Fig. 32

$$x^3+y^3 = 3axy \qquad \text{(Fig. 32)}$$

Fermat aceptó el desafío, perfeccionó su método y le dio una forma más clara. Con este fin escribió dos documentos que tratan sobre el tema. En uno de ellos, con el sugerente título de *Méthode expliquée* (Método explicado) expone como encontrar la tangente a curvas dadas en forma implícita, y en particular halla la tangente al folium de Descartes. Obtuvo así una solución correcta a un problema realmente difícil para las herramientas que se poseían en la época. Finalmente Descartes tuvo que reconocer la efectividad del método para la determinación de tangentes ideado por su contrincante.

Actualmente la idea central de la geometría analítica es la correspondencia entre una ecuación y el lugar geométrico (generalmente una curva) que consiste en los puntos de coordenadas (x, y), relativas a dos ejes fijos perpendiculares, que satisfacen la ecuación. Sin embargo, ni Descartes ni Fermat usaron sistemáticamente los dos ejes coordenados. Para ambos, las dos cantidades desconocidas en una ecuación eran segmentos de recta. Uno de estos segmentos se medía hacia la derecha (solo consideraban números positivos) de un punto de referencia sobre un eje horizontal, y el segundo era colocado como una ordenada vertical en el punto final del primer segmento. Fermat afirma que ese punto final de la ordenada es el que describe la curva correspondiente a la ecuación dada.

Observemos que en la obra de Fermat y Descartes no solo aparecen curvas matemáticas concretas, sino que es factible vislumbrar la noción de curva matemática abstracta cuando consideran la familia de las curvas matemáticas y las clasifican utilizando sus características algebraicas. Es precisamente el uso de la herramienta algebraica lo que va a permitir la descripción, estudio y clasificación de las curvas en dependencia de su complejidad. Al respecto Lagrange escribe en sus *Lecciones elementales sobre matemáticas*:

> "*Mientras álgebra y geometría llevaron caminos separados, su progreso fue lento y sus aplicaciones limitadas. Pero, en cuanto ambas ciencias juntaron sus fuerzas, sacaron cada una de la otra una vitalidad fresca y desde entonces desfilaron a paso ligero hacia la perfección*".

Podemos agregar que esta feliz unión llegó en el momento propicio, cuando se necesitaba como instrumento en el estudio matemático de la variabilidad y como base teórica del *nuevo cálculo* para la comprensión de las líneas curvas.

Ejercicios

Ejercicio 5.1

Descartes describe un método para extraer la raíz cuadrada a un segmento en la forma siguiente:

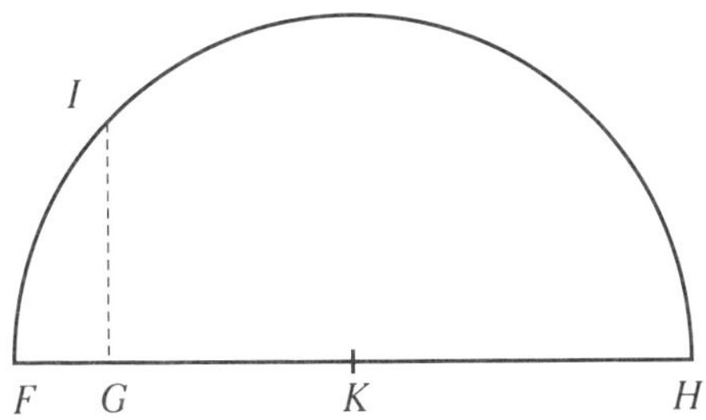

Fig. 33

"*Si se quiere encontrar la raíz cuadrada de GH* (Fig. 33), *le añado un segmento de recta FG, que es la unidad, divido FH en dos partes iguales por el punto K, con centro K trazo la semicircunferencia*

FIH, después por el punto G se traza una recta perpendicular a FH hasta que corte a la semicircunferencia, GI es la raíz buscada".

Demuestra que la longitud del segmento *GI* es la raíz cuadrada de la longitud del segmento *GH*.

Ejercicio 5.2

Comprueba que el lugar geométrico para el problema de las 4 rectas (Fig. 28) es una cónica.

Ejercicio 5.3

Comprueba la afirmación de Fermat de que la curva de ecuación

$$xy+a^2 = bx+cy$$

puede reducirse a la forma $xy = k^2$ mediante una traslación.

BIBLIOGRAFÍA DE LA 1ª PARTE

BOYER, C. B. (1986). *Historia de la Matemática*. Alianza Editorial. Madrid.

BUNT, L. N. H.; JONES, P. S. y BEDIENT, J. D. (1988). *The historical roots of elementary mathematics*. Dover Publications, New York.

CALINGER, R. (ed.) (1982). *Classics of Mathematics*. Moore Publishing Company, Inc. Illinois.

DESCARTES, R. (1981). *Discurso del Método. Dióptrica, Meteoros y Geometría*. Edición de Quintás Alonso G. Alfaguara. Madrid.

DUNHAM, W. (1993). *Viaje a través de los genios*. Pirámide. Madrid.

GHEVERGHESE, G. (1996). *La cresta del pavo real. Las matemáticas y sus raíces europeas.* Pirámide. Madrid.

KATZ, V. J. (1998). *A History of Mathematics: An Introduction*. Harper Collins College Publishers. New York.

KLINE, M. (1994) *El pensamiento matemático de la Antigüedad a nuestros días*. (Vol. 1) Alianza Universidad. Madrid.

NEUGEBAUER, O. (1957). *The Exact Sciences in Antiquity*, 2ª ed. Brown University Press. Providence, Rhode Island.

RIBNIKOV, K. A. (1987). *Historia de las matemáticas*. Ed. Mir. Moscú.

VAN DER WAERDEN, B. L. (1961). *Science Awakening.* Oxford University Press. N. Y.

YOUSCHKEVITCH, A. P. (1976). "The concept of function up to the middle of the 19th Century". *Archive Hist. Exact. Sc.*, pp. 37-85.

2ª parte

En la compañía del cálculo

EL GENIO CREA UN ARTE PARA LA COMPRENSIÓN DE LAS LÍNEAS CURVAS (c. 1620-c. 1720)

"El arte de descubrir las causas de los fenómenos, o verdaderas hipótesis, es como el arte de descifrar, en el que una ingeniosa conjetura acorta grandemente el camino".

Gottfried Wilhelm Leibniz (1646-1716)

Entre 1669 y 1670 el profesor titular de la cátedra lucasiana de matemáticas de la Universidad de Cambridge, **Isaac Barrow** (1630-1677), publicó sus *Lecciones de óptica y de geometría* con la colaboración de un joven discípulo. Este competente auxiliar, que ya había mostrado sus garras atacando, con técnicas infinitesimales y mucho entusiasmo, problemas cruciales de la geometría de las curvas, era **Isaac Newton**. Precisamente, en octubre de 1669 el maestro Barrow dejaba dicha cátedra en manos de su discípulo, que sería su titular durante más de treinta años.

Barrow ejerció una gran influencia en la vida y en la obra de Isaac Newton. En particular Newton va a seguir a su maestro en dos cuestiones que resultan de sumo interés para nosotros. En primer lugar Barrow consideró, desde un punto de vista muy general, la dependencia entre magnitudes que varían simultáneamente. Este grado de generalidad lo había obtenido a través de los métodos cinemáticos que aplicaba a curvas arbitrarias. En segundo lugar Barrow sintió un gran aprecio por los métodos geométricos de los antiguos, considerándolos el modelo de rigor matemático que debía seguirse. También Newton, aunque realiza un aporte novedoso con su método de las fluxiones, muestra un apego sustancial a los métodos geométricos tradicionales y, para todas aquellas cuestiones que considera cruciales, tratará de obtener una presentación desde el punto de vista de la geometría pura.

NEWTON

Isaac Newton (1643-1727) es uno de los más célebres matemáticos, que además dejó su impronta en la mecánica, la astronomía, la alquimia y, sobre todo, en la física. Se le considera el fundador de la mecánica moderna y responsable de los éxitos de la física en los dos siglos siguientes y aún después.

Newton era hijo de un pequeño propietario agrícola de la costa oriental de Inglaterra que murió antes de su nacimiento.

Pasó desdichas y penurias en su niñez, aunque consiguió recibir una formación adecuada e ingresar en el Trinity College de Cambridge en 1661. A partir de ahí su carrera es meteórica: licenciado en 1665, titular de la cátedra lucasiana en 1669, miembro de la Royal Society desde 1672 y su presidente desde 1703. Además desde 1669 fue el director de la poderosa Casa de la Moneda. Aún siendo un hombre sumamente introvertido y con frecuentes depresiones, que lo obligaban a sumirse en su intimidad, prestó al estado los mayores servicios. En justa reciprocidad, éste le concedió en 1705 el título de *sir* y a su muerte, en marzo de 1727, le despidió con un sepelio nacional suntuoso en la abadía de Westminster.

Su obra más influyente *Principios matemáticos de la filosofía natural* fue publicada a mediados de 1687. En ella se establecen sistemáticamente los fundamentos de la mecánica racional. Pero la obra magna matemática de Newton apareció en 1736, casi 10 años después de su muerte y 65 años después de ser concebida. El *Método de las fluxiones y de las series infinitas* recoge sus ideas principales sobre el nuevo cálculo de las fluxiones y es la obra que mejor y de forma más completa explica esta metodología revolucionaria para el tratamiento de los procesos continuos. En esta dirección también es importante su trabajo *Sobre el cálculo por medio de ecuaciones con un número infinito de términos*, escrito en 1669 y publicado en 1711. Hoy no existen dudas acerca de la prioridad de Newton en la concepción del *nuevo cálculo*. No obstante, ha sido confirmado que Leibniz no sólo se le adelantó en la publicación de una versión independiente, sino que su exposición fue la más eficaz y rotunda. De todas formas, los méritos de Newton son indiscutibles.

El cálculo de Newton está íntimamente ligado a sus concepciones mecanicistas, basadas en la idea intuitiva del movimiento continuo, manejando el concepto de *fluente* como cantidad que varía con el tiempo y de *fluxión* como su velocidad de cambio respecto al tiempo. Newton considera la trayectoria del punto móvil como una curva, susceptible de ser expresada por medio de un desarrollo en potencias de la variable independiente, como si fuera un polinomio de grado infinito, y esa suma infinita de potencias que la representa es también un instrumento de trabajo, una forma expedita de manejar las curvas.

En su manuscrito *Tratado sobre fluxiones* (1666) Newton consideró una curva $f(x, y) = 0$ descrita por la intersección de dos líneas móviles perpendiculares. De este modo, la abscisa y la ordenada de un punto de la curva son funciones del tiempo t y el movimiento es el resultado de la composición de dos movimientos: uno horizontal y otro vertical. Para Newton el tiempo era la variable independiente, con relación a la cual todos los *fluentes* dependen y cuya velocidad de variación identificó con las *fluxiones*.

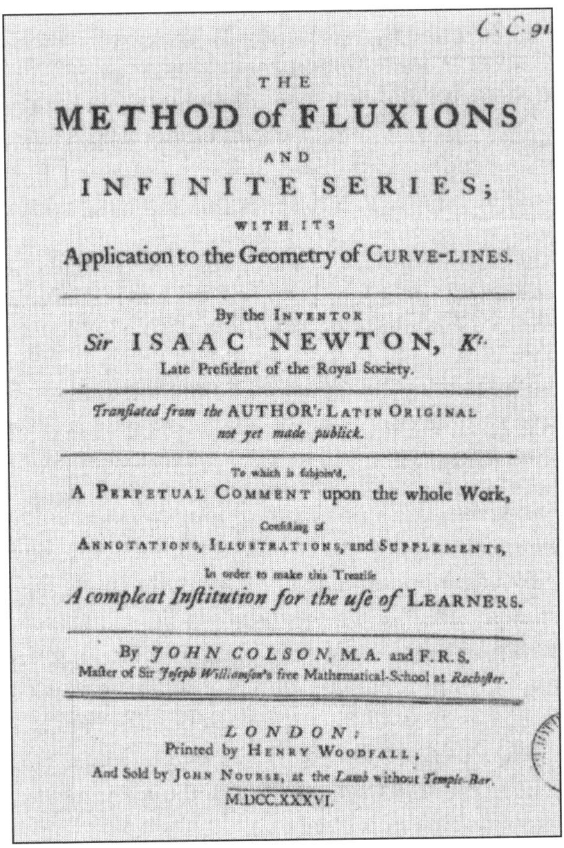
C. C. 91

THE
METHOD of FLUXIONS
AND
INFINITE SERIES;
WITH ITS
Application to the Geometry of CURVE-LINES.

By the INVENTOR
Sir ISAAC NEWTON, K^t.
Late Prefident of the Royal Society.

Tranflated from the AUTHOR'S LATIN ORIGINAL
not yet made publick.

To which is fubjoin'd,
A PERPETUAL COMMENT upon the whole Work,
Confifting of
ANNOTATIONS, ILLUSTRATIONS, and SUPPLEMENTS,
In order to make this Treatife
A compleat Inftitution for the ufe of LEARNERS.

By *JOHN COLSON*, M.A. and F.R.S.
Mafter of Sir *Jofeph Williamfon's* free Mathematical-School at *Rochefter*.

LONDON:
Printed by HENRY WOODFALL;
And Sold by JOHN NOURSE, at the *Lamb* without *Temple-Bar*.
M.DCC.XXXVI.

En su obra magna sobre el nuevo cálculo *Methodus fluxionum et serierum infinitorum* (Método de las fluxiones y de las series infinitas, escrita en 1671, impresa póstumamente en 1736) Newton explica sus ideas al respecto:

> *"Considero en este lugar cantidades matemáticas que no consisten de pequeñas partes; sino que son descritas por un movimiento continuo. Las líneas son descritas, y de aquí generadas, no por yuxtaposición de partes, sino por el movimiento constante de los puntos...*
>
> *Considerando que las magnitudes que crecen, en tiempos iguales son más o menos grandes, según que crezcan con una velocidad mayor o menor, busco un método para determinar las magnitudes a partir de las velocidades de sus movimientos o incrementos que las engendran; y denomino fluxión a la velocidad de esos movimientos o incrementos, mientras que las magnitudes engendradas tomaran el nombre de fluentes..."*

Esta obra de Newton contiene dos tablas de integrales. La primera la titula "Un catálogo de algunas curvas relacionadas con figuras rectilíneas" y contiene una lista de curvas tales que la correspondiente área puede ser calculada explícitamente por medio del método de las fluxiones. La segunda, "Un catálogo de algunas curvas relacionadas a las secciones cónicas", presenta una relación de curvas tales que la correspondiente área puede expresarse en términos del área determinada por una cónica apropiada, o como diríamos nosotros, de una integral del tipo

$$\int \frac{dx}{a + bx} \quad \text{o} \quad \int \sqrt{ax^2 + bx + c}\, dx$$

Newton obtiene estos resultados por comparación de las áreas bajo las dos curvas, mediante cambios de variables adecuados en las ecuaciones de las mismas.

Con las ideas aportadas por Newton se amplía grandemente la cantidad de curvas consideradas en el análisis, pues ahora se pueden estudiar no solo las curvas algebraicas, sino también las que aparecen asociadas a ellas por medio de las cuadraturas. Sin embargo, como no se había formado aún el concepto de función y ni siquiera se habían introducido las funciones trascendentes elementales, se presentaba como un problema cardinal encontrar una forma de representación de las curvas no algebraicas. Newton subsanó esta insuficiencia usando las series de potencias. Estas series infinitas eran consideradas como una generalización de los polinomios y, a la vez que proporcionaban una herramienta importante para los cálculos aritméticos, servían de representación algebraica de las funciones trascendentes. La herramienta principal que ayudó a Newton para concretar esta representación fue *la serie del binomio*.

Todo parece indicar que Newton descubrió tempranamente la serie del binomio cuando estudiaba la *Aritmética del infinito* (1655) de **John Wallis** (1616-1703) y que perfeccionó su entendimiento de las sumas infinitas con los resultados de **James Gregory** (1638-1675) sobre desarrollos y convergencia (1667) y la *Logarithmotechnia* (1668) de **Nicolaus Mercator** (1620-1687). Pero aunque tuvo varios predecesores en el manejo de la técnica, no tardó en mostrar sus originales habilidades usándolas en problemas de cuadraturas y tangentes. Veamos algunos ejemplos.

En la rectificación de la circunferencia de radio unidad y de ecuación $x^2 + y^2 = 1$, Newton obtuvo el elemento de arco, que expresado en notación actual es

$$ds = \frac{dx}{\sqrt{1 - x^2}},$$

donde $s = \operatorname{arcsen} x$. Entonces aplicó la fórmula del binomio a

$$(1 - x^2)^{-\frac{1}{2}}$$

y expresó

$$ds = \left(1 + \frac{1}{2}x^2 + \frac{3}{8}x^4 + \frac{5}{16}x^6 + \cdots\right)dx.$$

Newton encuentra la serie para $\operatorname{arcsen} x$ utilizando el método que hoy llamamos integración término a término:

$$s = \operatorname{arcsen} x = x + \frac{1}{1 \cdot 2 \cdot 3}x^3 + \frac{1 \cdot 3}{1 \cdot 2 \cdot 4 \cdot 5}x^5 + \frac{1 \cdot 3 \cdot 5}{1 \cdot 2 \cdot 4 \cdot 6 \cdot 7}x^7 + \cdots$$

A continuación se plantea el problema de encontrar la serie inversa, lo cual proporcionaría el desarrollo para $y = \operatorname{sen} x$.

La inversión de la serie, operación nada evidente, Newton la realiza mediante un procedimiento de aproximaciones sucesivas que había utilizado en otros problemas diferentes: primero trunca la serie, considerando, por ejemplo hasta el término de grado 5

$$s = x + \frac{1}{1 \cdot 2 \cdot 3}x^3 + \frac{1 \cdot 3}{1 \cdot 2 \cdot 4 \cdot 5}x^5$$

y trata de encontrar x. Una primera aproximación es $x = s$. Para mejorar esta aproximación, considera $x = s + p$ y sustituye en la expresión anterior para encontrar un p adecuado. Así obtiene la igualdad

$$0 = p + \frac{1}{6}(s^3 + 3s^2p + \cdots) + \frac{3}{40}(s^5 + \cdots) \qquad (*)$$

que debe ser válida para todo valor de s.

Entonces ensaya con diferentes expresiones para p: $p = A$, As, As^2 y en todos estos casos obtiene el valor para $A = 0$ (sustituyendo y dando a s el valor cero).

Finalmente, haciendo $p = Bs^3$ tenemos como resultado $B = -\frac{1}{6}$. Es decir, la segunda aproximación es

$$x = s - \frac{1}{6}s^3$$

La aproximación siguiente resulta de tomar $p = -\frac{1}{6}s^3 + q$ y sustituir en (*). Se obtiene

$$0 = q + \frac{1}{6}\left(-\frac{1}{2}s^5 + ...\right) + \frac{3}{40}(s^5 + \cdots)$$

y, procediendo como antes, llega a la conclusión que

$$q = \left(\frac{1}{12} - \frac{3}{40}\right)s^5 = \frac{1}{120}s^5.$$

Es decir

$$x = s - \frac{1}{6}s^3 + \frac{1}{120}s^5$$

Continúa este proceso hasta que sea posible inferir la ley de formación de los coeficientes. De este modo, obtiene el desarrollo en serie de potencias para $\operatorname{sen} x$:

$$senx = x - \frac{x^3}{3!} + \frac{x^5}{5!} - \frac{x^7}{7!} + \cdots$$

De la serie del $\operatorname{sen} x$ se deduce la serie del $\cos x$, basta considerar

$$\cos x = \sqrt{1 - \operatorname{sen}^2 x}$$

y otra vez la fórmula del binomio ayuda a llegar, sin mucha dificultad, a

$$\cos x = 1 - \frac{x^2}{2!} + \frac{x^4}{4!} - \frac{x^6}{6!} + \cdots$$

Estas ideas de Newton serán desarrolladas posteriormente por sus discípulos en Inglaterra. Entre los prosélitos de Newton conviene destacar a **Brook Taylor** (1685-1731) y a **Colin Maclaurin** (1698-1746). Ambos van a sistematizar el uso de los desarrollos en serie y, aunque también otros matemáticos de la época llegaron de forma independiente a este algoritmo, a sus nombres se asocia actualmente la fórmula general que permite expresar una función en forma de serie de potencias. Expresamos la fórmula como aparece en la Proposición 7 de la obra de B. Taylor *Methodus incrementorum directa et inversa,* que se publicó en 1715:

$$x(z) = x_0 + (z - z_0)\frac{\dot{x}}{\dot{z}} + \frac{(z - z_0)^2}{2!}\frac{\ddot{x}}{(\dot{z})^2} + \frac{(z - z_0)^3}{3!}\frac{\dddot{x}}{(\dot{z})^3} + \cdots$$

Si interpretamos las fluxiones como derivadas (respecto a un parámetro t y consideramos $z = t$) obtenemos la formula de Taylor usual en la notación que Lagrange hará popular, 80 años más tarde, en su tratado sobre las funciones analíticas:

$$f(z) = f(z_0) + f'(z_0)(z - z_0) + \frac{f''(z_0)}{2!}(z - z_0)^2 + \frac{f'''(z_0)}{3!}(z - z_0)^3 + \cdots$$

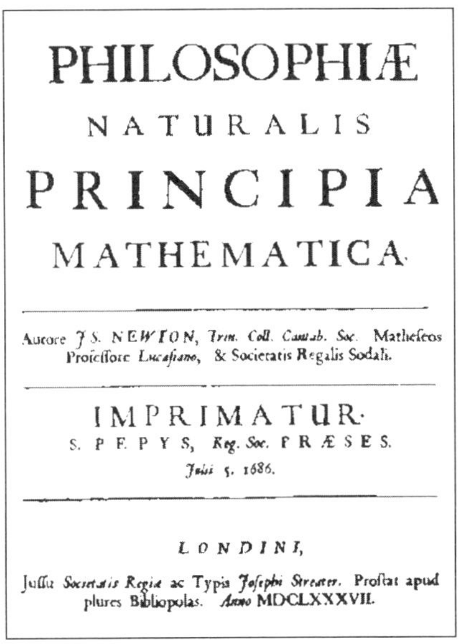

PHILOSOPHIÆ

NATURALIS

PRINCIPIA

MATHEMATICA

Autore J S. NEWTON, Trin. Coll. Cantab. Soc. Matheseos Professore Lucasiano, & Societatis Regalis Sodali.

IMPRIMATUR.

S. PEPYS, Reg. Soc. PRÆSES.

Julii 5. 1686.

LONDINI,

Jussu Societatis Regiæ ac Typis Josephi Streater. Prostat apud plures Bibliopolas. Anno MDCLXXXVII.

Cuando $z_0 = 0$ al desarrollo se le llama frecuentemente desarrollo de Maclaurin. Todo se debe a que Colin Maclaurin en su *Tratado de las fluxiones* (1742) emplea la serie de Taylor como una herramienta fundamental. En particular la usa en la investigación de extremos locales, al igual que hacemos hoy.

En relación con el concepto de función agreguemos que Newton, en los *Principia mathematica* (1687), cuando define ciertas cantidades semejantes a los diferenciales introduce la noción de *genitum*, una *magnitud que es generada*. Dice Newton:

LEIBNIZ

Gottfried Wilhelm von Leibniz (1646-1716) nació en Leipzig y allí estudió filosofía y derecho como su padre, que falleció en 1652. La excelente biblioteca paterna brindó extraordinarias posibilidades a un joven avispado y ávido de conocimientos. Se interesó por casi todo el saber de su tiempo: las ciencias matemáticas y físicas, el derecho, las letras, la filosofía, la pedagogía, la lingüística, la historia, y hasta la política. Viajó constantemente por misiones diplomáticas, por lo que muchas de sus obras las escribió en los carruajes. Su correspondencia es voluminosa, se conservan en Hannover cerca de 200.000 páginas.

En 1666 defendió una tesis de lógica, *De arte combinatoria*, en la cual trata sobre diferentes cuestiones de lógica formal. En 1671 retomó una idea de Pascal y construyó una máquina de calcular. En el curso de este trabajo se interesó por el estudio formal de los algoritmos y de ahí surgió su idea de crear un algoritmo universal para la solución de cualquier tipo de problema. Un periodo clave para su formación matemática fue su estancia en París, entre 1672 y 1676, como embajador del duque de Hannover. Allí se relacionó con Huygens, quien le dio a conocer los trabajos de Pascal, Cavalieri, Saint-Vincent y otros contemporáneos. A la vez que estudiaba los problemas se le iban

> *"Llamo genitum a una cantidad cuando ella no está constituida por adición o sustracción de diversas partes, sino que se genera o produce, en aritmética, por la multiplicación, división o extracción de raíces de cualquier término; en geometría, por el hallazgo del contenido y los lados, o de las extremas y medias proporcionales".*

Aquí se ve claramente que Newton entiende por *genitum* una expresión analítica de un solo término. Es evidente que el *genitum* de Newton resulta un antecedente del concepto de función como expresión analítica introducida posteriormente por Johann Bernoulli y, de forma más clara, por Euler (ver Capítulos 7 y 8).

Sin embargo, el apego a la concepción clásica de la geometría de Newton y sus seguidores provoca que a fines del siglo XVII en la Europa continen-

ocurriendo ideas nuevas para su solución. Se cree que ya a fines del 73 obtuvo sus primeros resultados originales del cálculo con diferenciales. Sobre todo en la respuesta a dos cartas de Newton, de julio y octubre de 1676, observamos el dominio temprano de Leibniz de su nueva metodología.

Viajó en varias ocasiones a Londres, donde se familiarizó con las ideas de Wallis y Barrow. Desde 1679 fue miembro de la Royal Society. La primera publicación de sus descubrimientos la hizo Leibniz en 1684, complementada con otra de 1686. A partir de 1676 y hasta su muerte, en 1716, fue bibliotecario y asesor jurídico del duque de Hannover. Entre 1687 y 1690 realizó un largo viaje a través de todo el Sacro Imperio Romano Germánico con el objetivo de recoger documentación para su historia de la dinastía de los Güelfos, considerándose por esto un precursor de la historiografía basada en el estudio de las fuentes. Estimuló la fundación de las academias de ciencias de Berlín, Leipzig, Viena y San Petersburgo y sistematizó el uso de muchos términos matemáticos que todavía hoy usamos como función, diferencial, ecuación diferencial, algoritmo, abscisa, ordenada y otros. También publicó obras sobre pedagogía, paleontología, biología, derecho, política y lingüística. La polémica sobre la prioridad del cálculo lo afectó terriblemente y como reacción a las acusaciones de plagio escribió en 1714 su *Historia y origen del cálculo diferencial,* que sólo se publicó a finales del siglo XIX. No fundó familia y tuvo pocos amigos, murió casi en la miseria y se dice que su sirviente fue el único que despidió a este ilustrísimo pensador.

tal la mayor atención se dirija, y los progresos fundamentales se obtengan, mediante la incorporación paulatina de los métodos del nuevo cálculo de diferenciales, como aparece en la obra de **Gottfried Wilhelm von Leibniz**.

Leibniz fue ante todo un gran pensador, su objetivo fundamental era la creación de un sistema universal apoyado en una notación y terminología que le permitieran simplificar los elementos esenciales del razonamiento lógico. Confiaba en que este lenguaje proporcionaría a todos los individuos educados, y no solo a unos pocos afortunados, la posibilidad de razonar de manera clara y precisa. Al parecer la persecución de tamaño objetivo le llevó a entrar en los secretos de las matemáticas de su época. Sin embargo, sólo en matemáticas Leibniz logrará alcanzar su meta. En efecto, la perfección del lenguaje y la simbología del cálculo infinitesimal lo han convertido en uno de los ejemplos más significativos de una poderosa herramienta de resolución de problemas colocada al alcance de un público relativamente amplio.

En su calidad de diplomático, Leibniz visitó París en 1672, donde estableció relación con los círculos científicos que allí estaban constituidos. Especialmente bajo la influencia de Huygens, que por entonces era el presidente de la Academia de Ciencias de París (fue su primer presidente, desde su fundación en 1666 hasta 1681), conoció los problemas que se discutían en la época y los diferentes métodos que se ideaban para resolverlos. Al parecer una de las fuentes principales que Leibniz utilizó para concebir las ideas fundamentales del nuevo método que elaboraría fueron las obras de Pascal y de Barrow. Ambos científicos utilizaron como instrumento de trabajo el denominado *triángulo característico*, sin embargo lo hicieron con fines totalmente diferentes: el primero para resolver un problema de cuadratura y el segundo para calcular la tangente a una curva. El mérito fundamental de Leibniz fue advertir la relación recíproca entre estos dos problemas y su enorme potencia cuando se aplicaban a curvas arbitrarias.

Leibniz consideraba que la clave fundamental para entender su nuevo método era la concepción de una curva como un polígono de infinitos lados, la longitud de los cuales era infinitamente pequeña. Para comprender mejor el programa de Leibniz, supongamos que el polígono *ABCD* aproxima la curva y tiene sus vértices sobre ella (Fig. 34). Entonces dicho polígono da lugar a dos sucesiones de variables: las abscisas x_1, x_2, x_3 y las ordenadas y_1, y_2, y_3 de los vértices. Si escogemos el polígono de modo que las abscisas de sus vértices difieran en una unidad, entonces la suma de las ordenadas da una aproximación del área bajo la curva, es decir de su cuadratura. Por otra parte, la diferencia de las ordenadas sucesivas constituye una aproximación de la pendiente de la tangente en los correspondientes puntos de la curva. Es geométricamente evidente que estas aproximaciones mejoran en la medida que las diferencias entre abscisas consecutivas se tomen cada vez más pequeñas y, por tanto, resuelven los problemas de tangentes y de cuadraturas cuando se considera que el polígono tiene infinitos lados infinitamente pequeños.

Por otra parte, Leibniz observó que si para una sucesión de valores y_1, $y_2, y_3, \ldots$ se hallan las sumas $y_1, y_1 + y_2, y_1 + y_2 + y_3, \ldots$ entonces podemos volver a obtener los valores de la primera sucesión simplemente mediante la diferencia de dos términos consecutivos de la segunda. Recíprocamente, si a partir de la sucesión original se calculan las diferencias sucesivas $y_1, y_2 - y_1$, $y_3 - y_2, \ldots$ y seguidamente estas diferencias se suman, también se regresa a la sucesión original. Por esta razón los problemas de la cuadratura de una curva y del hallazgo de su tangente son también uno el inverso del otro. Precisamente la interrelación entre estos dos problemas básicos es la que proporciona al cálculo infinitesimal su poderío.

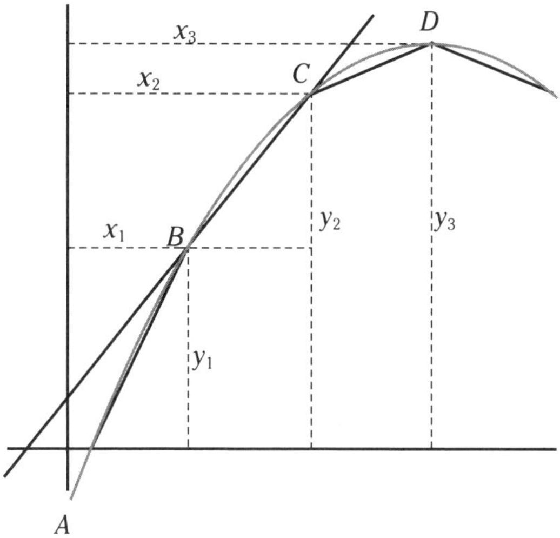

Fig. 34

La gran preocupación de Leibniz por la creación de un lenguaje efectivo y a la vez sencillo lo condujo a la sistematización de las notaciones y la terminología matemática: generalizó las denominaciones *constante*, *variable*, *coordenadas* y *parámetro* dándoles el sentido actual. Encontró inadecuada la clasificación cartesiana de las curvas en *geométricas* y *mecánicas* y totalmente inaceptable la exclusión de estas últimas de la geometría. Leibniz conservó la denominación cartesiana de curva algebraica para aquellas que pueden expresarse mediante un polinomio de un cierto orden determinado y denominó *trascendentes* a las curvas que no admiten tal representación, es decir, las que requieren para su representación de las series infinitas, esto es, las que *trascienden* cualquier orden finito. Sin embargo, consideró que las curvas trascendentes también podrían estar sujetas a un estudio exacto, solo que en este caso ese estudio se debe realizar mediante un cálculo de naturaleza diferente: el cálculo con diferenciales.

En 1684 aparece en la revista *Acta Eruditorum* la que se considera la primera publicación sobre el cálculo diferencial. En ella Leibniz resume sus ideas básicas sobre esta nueva herramienta y le proporciona un título bastante explicativo: *Un nuevo método para encontrar máximos y mínimos así como tangentes, para el cual no son obstáculos ni las cantidades fraccionarias ni las irracionales, y un notable tipo de cálculo para esto.* Más adelante explicita las potencialidades de su método:

"Es claro que nuestro método también abarca las curvas trascendentes, aquellas que no pueden reducirse por cálculos algebraicos

o no tienen un grado particular, y se mantiene en la forma más general sin cualquier suposición particular o que no se satisfaga siempre".

En esta obra, considerada el punto de partida del *cálculo de los diferenciales*, Leibniz introduce, de forma escueta y algo complicada, las ideas básicas que desarrollará más tarde. Aquí aún no aparece el término *función*, esta denominación la introducirá en un trabajo que publicará seis años después, pero con un sentido algo diferente del actual.

Al final de este trabajo Leibniz resuelve un problema que a Descartes le fue planteado y, aunque llegó a algunos resultados, consideró que no tenía solución dentro de la geometría. Se trata de encontrar una curva WW tal que si su tangente WC se dibuja hasta el eje, el segmento XC es siempre igual a una constante a (Fig. 35).

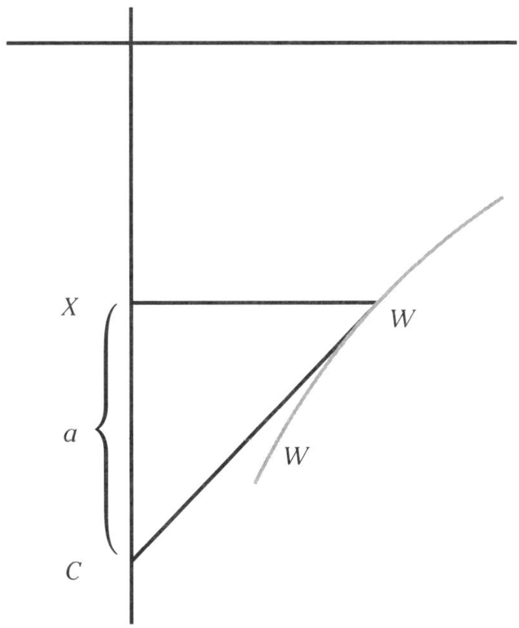

Fig. 35

Leibniz denota XW por w, entonces el enunciado del problema se reduce a la proporcionalidad: w es a a lo que dw es a dx, es decir

$$\frac{dw}{dx} = \frac{w}{a}$$

Leibniz considera una sucesión de valores de x con diferencias constantes: $dx = b$. Entonces,

$$dw = \frac{b}{a}w,$$

relación que le permite inferir que w varía en progresión geométrica. Reconoce en ésta la propiedad característica del logaritmo y concluye "*si las w son los números, entonces las x son los logaritmos*".

Con el uso del nuevo cálculo se ampliaron considerablemente las posibilidades para dar respuesta a diferentes tipos de problemas, algunos de los cuales eran impensables con los tradicionales métodos geométricos puros o incluso con el auxilio de la geometría analítica. En particular el llamado problema inverso de las tangentes, es decir, la determinación de una curva cuando se conoce alguna condición sobre el comportamiento de su tangente o normal. Estos problemas surgían no solo dentro de la geometría, sino en otros campos, especialmente en la mecánica. Además era completamente usual que un problema inverso de la tangente, sencillo y formulado de manera completamente algebraica, requiriera para su solución la construcción de una curva trascendente, pero para las curvas trascendentes los matemáticos del siglo XVII no poseían una ecuación. Por esta razón se veían obligados a buscar otras vías de representación que permitieran considerar resuelto el problema. La forma más usual era mediante una construcción geométrica. De este modo, la solución de muchos problemas que hoy escribimos simplemente mediante las funciones logarítmica o trigonométricas se reducían a construcciones que involucraban las cuadraturas de la hipérbola o del círculo.

En el trabajo "De la nueva geometría y del análisis de los indivisibles y los infinitos" (*Acta Eruditorum*, 1686), Leibniz se esfuerza por demostrar que, mediante sus notaciones y su nuevo método, puede expresar analíticamente algunas curvas trascendentes mediante *ecuaciones*. Por ejemplo, la cicloide la expresa como una integral

$$y = \sqrt{2x - x^2} + \int \frac{dx}{\sqrt{2x - x^2}},$$

donde las abscisas se miden de forma perpendicular a la base de la cicloide y el radio del círculo es la unidad.

Así que uno de los principales propósitos que perseguía Leibniz era elaborar un instrumento que generalizara la idea de ecuación y que le permitiera representar y manipular a todas las curvas, y muy especialmente a las trascendentes. Así aparece la noción de *ecuación diferencial*, que, como hoy sabemos, abrió un camino a los métodos analíticos de insospechada amplitud y eficacia en sus aplicaciones a la ciencia.

Un ejemplo muy interesante de la forma en que fueron introduciéndose en el análisis las funciones trascendentes lo constituye el uso de expresiones con exponente variable. Ya en 1679 en una carta a Huygens, Leibniz se cuestionaba sobre cómo entender la solución de una ecuación como $x^x - x = 24$, que evidentemente tenía a $x = 3$ como solución, pero para la cual no se conocía ningún algoritmo para resolverla. Huygens no se interesó por el asunto y este fue momentáneamente olvidado. Algunos años más tarde Leibniz llevó a cabo una intensa ofensiva epistolar con el objetivo de convencer a Huygens de la eficacia de su cálculo con diferenciales. Entre otras cuestiones Leibniz propuso a Huygens la curva

$$b^t = \frac{1 + v}{1 - v}$$

como forma de representación de la relación entre el tiempo t y la velocidad v de un cuerpo que cae en un medio con resistencia proporcional a v^2.

Para Huygens la idea de una curva donde la variable formara parte del exponente era tan oscura que le parecía totalmente inaceptable dentro de la geometría y le pidió a Leibniz que indicara otras aplicaciones y, sobre todo, una forma de representarla mediante algún método que permitiera el marcado de sus puntos. Leibniz respondió dando un método de construcción que incluía la construcción previa de otra curva, la logarítmica ($y = b^x$), y lo suficientemente engorroso que de exponerlo aquí estaríamos invitando al lector a abandonar inmediatamente la lectura de este capítulo. Pero lo que para nosotros resulta más sorprendente aún es que Huygens respondiera que el método de construcción era excelente y que, aunque conocía la curva desde mucho tiempo antes no sabía que la expresión

$$b^t = \frac{1 + v}{1 - v}$$

fuera de ayuda para representarla. ¡Para Huygens una tediosa construcción punto a punto era mucho más clara y convincente para determinar una curva que la simple escritura de la función que la representa!

Esta anécdota no es una singularidad en la época, sino que más bien constituye una regularidad. Si entendemos por *representar una curva* como una forma de describirla lo suficientemente enjundiosa como para poder considerarla bien conocida, advertiremos que la falta de familiarización con la representación mediante ecuaciones o fórmulas, y la escasez de definiciones y notaciones adecuadas para lo que hoy llamamos *funciones elementales,* llevó a los matemáticos a preferir las complicadas formas geométricas de descripción. De este modo, no es de extrañar que la aceptación de una fórmula o expresión analítica para representar una curva y la introducción de una terminología específica, *función*, para indicar la relación existente entre la abscisa y la ordenada, apareciera más de veinte años después del trabajo pionero de Leibniz sobre el cálculo con diferenciales.

El primer texto destinado a la difusión del nuevo cálculo apareció en 1696, escrito por un competente matemático francés, el **marqués de L'Hôpital,** con el significativo título de *Analyse des infiniment petits pour l'intelligence des lignes courbes* (Análisis de los infinitesimales para la comprensión de las líneas curvas), con él se sistematizaba una sustanciosa parte de las ideas de Leibniz sobre el uso de diferenciales para el estudio de las curvas tanto algebraicas como trascendentes y se abría el entendimiento de las que serían para *el nuevo arte* las curvas primordiales, aquellas que fueron denominadas por Euler *funciones elementales*.

Ejercicios

Ejercicio 6.1

En un manuscrito de 1669 Newton aplica su método de aproximaciones sucesivas para hallar la serie inversa asociada a la serie del área bajo la hipérbola

$$y = \frac{1}{1 + x}.$$

Halla la serie de $z = \log(1 + x)$ y, con el método de inversión de Newton, obtén los cuatro primeros términos de la serie correspondiente a e^x.

Ejercicio 6.2

Realiza un gráfico aproximado de la curva $y = x^x - x - 24$ y determina si tiene alguna otra raíz además de la encontrada por Leibniz.

Ejercicio 6.3

Analiza los métodos de Newton y Leibniz que hemos expuesto y saca tus propias conclusiones acerca de las diferencias y similitudes entre ellos.

CON INGENIO SE ESTABLECEN NUEVAS CURVAS TRASCENDENTES Y LAS FUNCIONES ELEMENTALES (c. 1690-c. 1790)

"Todo el análisis infinitesimal gira alrededor de las magnitudes variables y de sus funciones".

Leonhard Euler (1707-1783)

A fines de la década de los 80 del siglo XVII, los hermanos Jacob y Johann Bernoulli tuvieron conocimiento del trabajo de Leibniz de 1684. A partir de este momento el triunvirato Leibniz-Jacob-Johann se dedicó a aplicar la nueva herramienta para la resolución de problemas relacionados con las curvas, la mayoría de las veces trascendentes. Así estudiaron, entre otras, los diferentes tipos de espirales, la lemniscata, la catenaria y la cicloide, en la mayoría de las ocasiones como solución a problemas mecánicos o geométricos nuevos, o problemas que se resistían a ser resueltos por los métodos conocidos hasta el momento.

Ilustremos el desarrollo de las ideas sobre curvas y de los métodos utilizados en esta etapa de la infancia del cálculo con algunos de aquellos problemas que representaron un notable desafío en su época.

En 1690 publica Jacob Bernoulli su primer trabajo relacionado con el cálculo infinitesimal, al final del cual dirige a la comunidad matemática el reto siguiente:

"Encontrar la forma que toma una cuerda (o cadena) perfectamente flexible y homogénea por la acción sólo de su peso, si ella es fijada en sus extremos A y B".

Este era un viejo problema que los geómetras más eminentes de épocas anteriores no habían sido capaces de resolver satisfactoriamente. La forma que toma la cuerda o cadena tiene un gran parecido con una parábola (Fig. 36) y precisamente ésta fue la primera conjetura formulada por varios matemáticos, Galileo entre ellos. Sin embargo, con solo 17 años, Huygens, utilizando razonamientos físicos, había sido capaz de demostrar que la curva no podía ser una parábola, aunque no pudo aclarar cuál era la naturaleza de la curva buscada. En la Fig. 36 se han trazado una catenaria y la parábola que coincide con ella en los dos extremos *A* y *B* de la cuerda y en el punto más bajo de la misma.

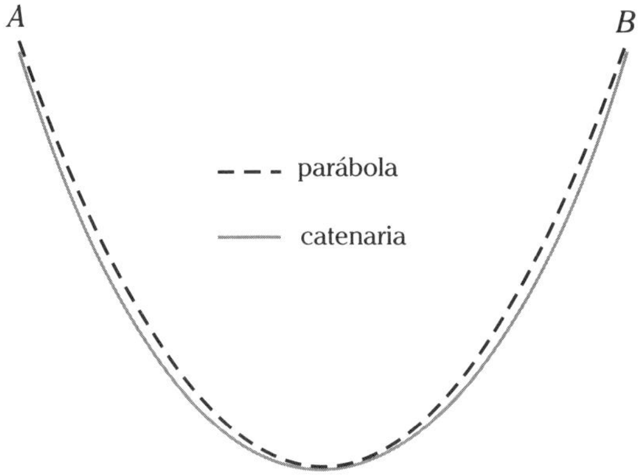

Fig. 36

Después de lanzado el reto por Jacob, el problema fue resuelto por Huygens construyendo la curva a través de la medición de la longitud del arco de una parábola. Mediante el uso del cálculo infinitesimal lo resolvieron Johann Bernoulli y Leibniz. Y todos obtuvieron el mismo resultado. Huygens denominó a esta curva *catenaria*, del vocablo latino *catena* que significa cadena. Actualmente la catenaria se describe a través de la función exponencial, mediante la función *coseno hiperbólico*,

$$y = \cosh x = \frac{e^x + e^{-x}}{2}.$$

Ni Huygens ni Johann ni Leibniz podían escribir la ecuación de la curva de esta forma. Es más, esa idea no la imaginaban entre las posibilidades que había para representar la solución del problema, entre otras razones porque la función exponencial aún no se había introducido. Sin embargo, los tres podían describir métodos adecuados para construirla geométricamente con suficiente exactitud, y en esa época ésta era considerada una de las formas más eficientes de conocer una curva, inclusive se consideraba más apropiada que poseer la ecuación que la describía.

JACOB BERNOULLI

Jacob Bernoulli (1654-1705) es el primero de una dinastía de geómetras ilustrados. Estudió teología en su ciudad natal Basilea y viajó para conocer el mundo desarrollado de entonces, estuvo en Génova, Amsterdam, Londres y París. Su primera publicación en 1680 fue sobre la teoría de los cometas. En 1687 leyó la primera memoria escrita por Leibniz sobre el nuevo cálculo y quedó inmediatamente seducido por él. Aplicó las ideas de Leibniz en el estudio de las curvas, la sumación de series infinitas, la mecánica y el cálculo de probabilidades.

Promovió el uso de esta nueva ciencia y su proselitismo tuvo especialmente éxito con el padre de Leonhard Euler, con el joven Jacob Hermann y con su hermano Johann. La Universidad de Basilea lo aceptó como catedrático de matemáticas aunque le molestaran algunas de sus opiniones liberales sobre el dogma cristiano.

Jacob pronto se convirtió en guía espiritual y en paradigma de todos los demás geómetras de la familia. Era de un temperamento irascible, voluntarioso, agresivo y muy susceptible. Nunca pudo aceptar que su brillante hermano menor Johann lo pudiera aventajar como geómetra.

Por ejemplo, Johann, haciendo uso de razonamientos físicos, varias relaciones diferenciales y gala de un ingenio fabuloso, dedujo que la abscisa y la ordenada de la curva solución del problema debían satisfacer la relación:

$$dx = \frac{ady}{\sqrt{y^2 - a^2}} \quad \text{o} \quad x = \int \frac{ady}{\sqrt{y^2 - a^2}}$$

Actualmente estamos acostumbrados a que basta presentar una expresión analítica de una función para considerar que la curva correspondiente está dada. Sin embargo, a fines del siglo XVII se aceptaba que una curva era conocida si se poseía un *método* para poder trazarla geométricamente. En este caso Johann dio lo que se denominaba *solución por cuadraturas*, es decir redujo el problema al cálculo del área bajo la curva algebraica $z = \frac{1}{\sqrt{y^2 - a^2}}$.

JOHANN BERNOULLI

Johann Bernoulli (1667-1748) nació y estudió en Basilea, doctorándose en medicina. Su hermano mayor Jacob lo adentró en los misterios del nuevo cálculo. Desde 1695 fue profesor de matemáticas en la Universidad de Groninga en Holanda. En 1705 regresó a Basilea donde se hizo cargo de la cátedra de matemáticas, vacante tras la muerte de su hermano Jacob. Con su entusiasmo por el nuevo cálculo convenció a muchos para que se dedicaran a su desarrollo, particularmente a Leonhard Euler, al marqués de L'Hôpital y a tres de sus cuatro hijos varones. Fueron tan numerosos sus partidarios como sus adversarios en los múltiples desafíos intelectuales en que se vio envuelto, la mayoría retos que él mismo lanzó a la comunidad científica. Una de sus aportaciones más significativas fue promover la creación de una de las ramas más fructíferas de las matemáticas: el cálculo de variaciones. Su temperamento, fanfarronería y arrogancia le propiciaron la enemistad con varios de sus colegas. Su hermano Jacob y su hijo Daniel también sufrieron su humor colérico. Su producción matemática es extensa, pero destaca su correspondencia científica, formada por unas 2.500 cartas.

Era costumbre en la época suponer, sin mayor aclaración, que se podía construir geométricamente un rectángulo que tuviera la misma área que una figura limitada por una curva algebraica. De este modo vemos que este tipo de solución era lo mejor que en su tiempo se podía conseguir.

Leibniz propuso en 1689 el problema de encontrar la curva denominada *isócrona paracéntrica*. El problema consistía en:

> *"Hallar la curva plana que describe un punto pesado P que se mueve de modo que su distancia a un punto fijo O varíe proporcionalmente al tiempo empleado al recorrer cada arco de dicha curva"* (Fig. 37).

Para resolver este problema, Johann Bernoulli escribe inicialmente la ecuación utilizando diferenciales

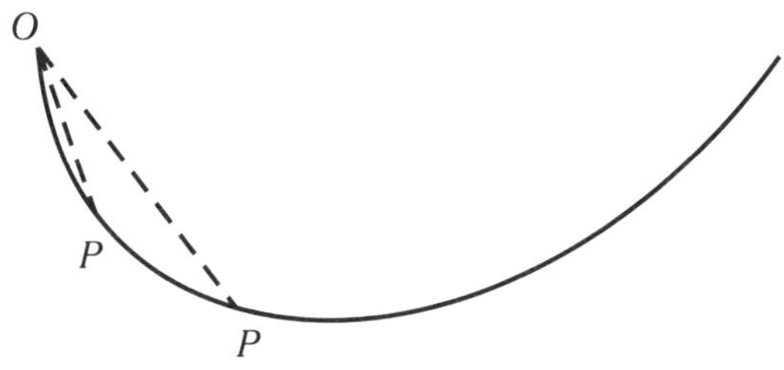

Fig. 37

$$(xdx + ydy)\sqrt{x} = (xdy - ydx)\sqrt{a}$$

ecuación que resultaría complicada de resolver aún con métodos desarrollados posteriormente. Por esta razón Jacob cambió el punto de vista, seleccionó nuevas variables y así redujo el problema a otra ecuación diferencial

$$\frac{dr}{\sqrt{ar}} = \frac{adz}{\sqrt{az(a^2 - z^2)}} \qquad (*)$$

Hoy se sabe que la integral del segundo miembro de (*) es una *integral elíptica*, que no es posible calcular en términos de las funciones elementales, así que este es uno de los primeros problemas que evidenciaron la necesidad de expresar las curvas (y, por tanto las funciones) de forma más general.

La igualdad (*) constituía una *solución por cuadraturas* para el problema de la isócrona paracéntrica. Sin embargo, ni Johann ni Jacob se contentaron con ello y ambos, por vías algo diferentes, llegaron a una solución *por rectificación*. Más precisamente, encontraron que las funciones $U(z) = \sqrt{az + z^2}$ y $V(z) = \sqrt{az - z^2}$ satisfacían la relación diferencial

$$\frac{a}{\sqrt{2}} \frac{adz}{\sqrt{az(a^2 - z^2)}} = \sqrt{(dU)^2 + (dV)^2}$$

cuyo miembro derecho representa el diferencial de la longitud de arco de la curva algebraica

$$(U^2 + V^2)^2 = 2a^2(U^2 - V^2)$$

A esta nueva curva Jacob la denominó *lemniscata* teniendo en cuenta la palabra latina que describe su aspecto en forma de lazo (Fig. 38). Como la ecuación que define la lemniscata es algebraica, el problema se había reducido a la *rectificación* (cálculo de la longitud) de una curva accesible y, para las concepciones de la época, podía considerarse resuelto.

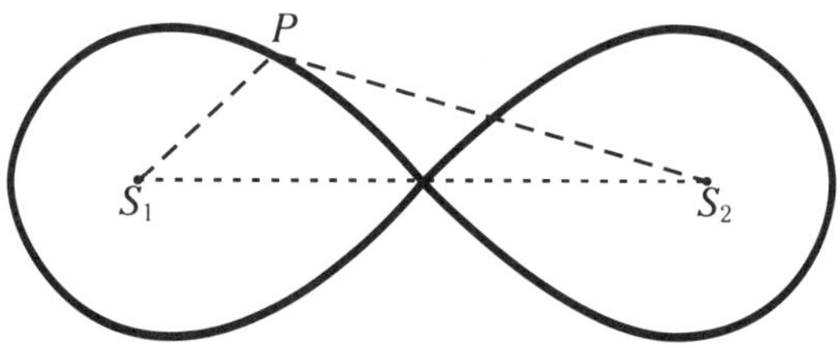

Fig. 38

En el capitulo anterior vimos el interés que Leibniz había mostrado por ecuaciones donde la variable aparecía en el exponente; concretamente había escrito a Huygens acerca de la ecuación $x^x - x = 24$. Será Johann Bernoulli quien, en un trabajo publicado en 1697, tratará de aclarar el comportamiento de la curva expresada actualmente como $y = x^x$. Para ello, comienza explicando como se deben interpretar las expresiones de tipo exponencial, es decir estudiando la curva que el considera la *más simple de todas las curvas trascendentes*, la *logarítmica*. Da dos definiciones de esta curva y describe las propiedades básicas del cálculo exponencial; en particular, prueba la regla para diferenciar cantidades cuya base y exponente sean ambos variables:

$$d(u^v) = vu^{v-1}du + u^v \log u \, dv$$

Para construir la curva $y = x^x$, Bernoulli procede de la forma siguiente (la Fig. 39 es una adaptación de la que utiliza Bernoulli en su trabajo, en donde, como era su costumbre, el eje horizontal corresponde a las y, mientras que el vertical se asocia a las x).

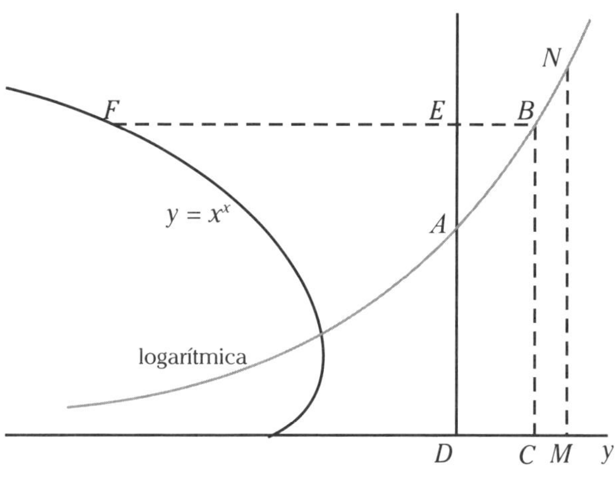

Fig. 39

Considera un punto arbitrario sobre la curva logarítmica *ABN* con abscisa *DC* y ordenada *BC*. Determina el punto *M* de forma tal que $AD : BC = DC : DM$. Después toma *EF* igual a *MN*, entonces *F* será un punto de la curva $y = x^x$. Este procedimiento lo repite tantas veces como puntos se quieran obtener de dicha curva.

Bernoulli estudió el comportamiento de esta curva, encontró la mínima distancia de ella al eje vertical, dio un método para trazar su tangente y halló su cuadratura, calculando un resultado que es equivalente a la igualdad

$$\int_0^1 x^x dx = \sum_{n=1}^{\infty} \frac{(-1)^{n-1}}{n^n}$$

Los hermanos Bernoulli, Jacob y Johann, que en los primeros momentos habían mantenido una relación de emulación fraternal sin fuerte antagonismo, desarrollaron a partir del tratamiento del problema de la catenaria una rivalidad obsesiva por aclarar a la comunidad científica de la época quién dominaba mejor el nuevo arte de los diferenciales.

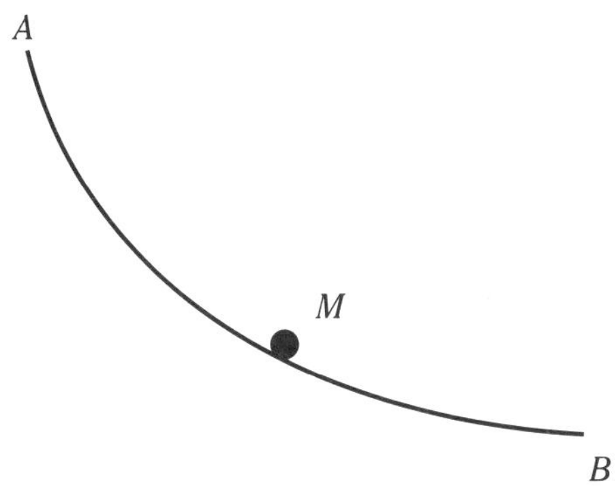

Fig. 40

Así en 1696 Johann Bernoulli retó a la comunidad matemática y en especial a su hermano Jacob con el problema de la *braquistocrona* (Fig. 40):

> *"Dados dos puntos A y B en un plano vertical, hallar el camino AMB por el que una partícula móvil M, descendiendo por su propio peso, iría de A a B en el menor tiempo posible".*

Bernoulli añadía que *la curva era una bien conocida de los matemáticos*. El propio Johann aclara el significado del problema en los siguientes términos:

"Entre las infinitas curvas que unen los dos puntos dados o que puedan dibujarse del uno al otro, elegir una, tal que si la curva se reemplaza por un tubo delgado o ranura en el que se coloca una pequeña esfera y se deja caer, entonces esta esfera pasaría de un punto al otro en el tiempo más breve posible".

Johann considera curvas arbitrarias que pasan por los dos puntos fijos A y B y propone buscar aquella que da el tiempo mínimo de descenso, suponiendo la ausencia de cualquier otra fuerza que no sea la gravitatoria. Tal curva la denominó *braquistocrona* (en su origen griego el vocablo significa *tiempo mínimo*).

Este problema fue resuelto, además de por Johann, por Leibniz, Jacob Bernoulli, L'Hôpital y un autor inglés anónimo. Johann reconoció que este autor era Newton y lo expresó con una frase histórica: *"por las garras se conoce al león"*. La curva solución de este problema resultó ser, efectivamente, una curva muy bien conocida y estudiada por la comunidad científica: la *cicloide.*

LA CICLOIDE

La cicloide es una curva descrita por un punto de una circunferencia que rueda, sin deslizar, sobre una recta. En la figura, la circunferencia de centro C y radio $a = PC$ gira sobre la recta OM, de forma que el punto O pasará a ocupar la posición P cuando el ángulo de giro halla sido de $t = PCT$. Puede demostrarse fácilmente que las coordenadas x e y del punto P de la cicloide se expresan por las fórmulas:

$$x = a(t - \operatorname{sen} t)$$
$$y = a(1 - \cos t)$$

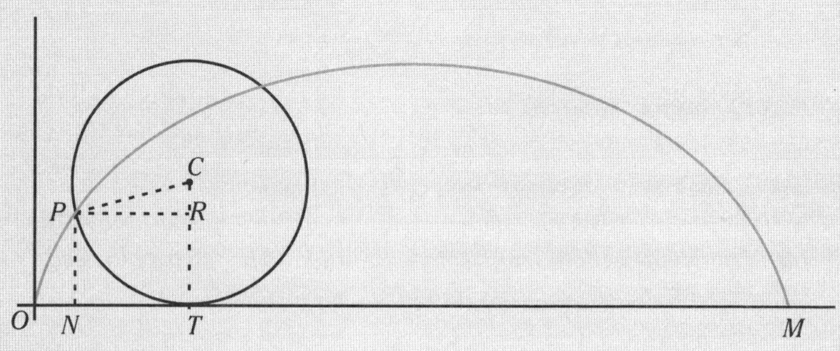

Fig. 41

EULER

Leonhard Euler (1707-1783) nació en Basilea (Suiza). Su padre, Paul, era un teólogo calvinista que escuchó las conferencias de Jacob Bernoulli. Estudió matemáticas elementales con su padre y amplió sus conocimientos con Johann Bernoulli. A los 18 años escribe su primer artículo científico sobre curvas isócronas bajo la tutoría de Johann Bernoulli.

Su vida la podemos dividir en cuatro etapas:

1. Formación general en Basilea (hasta 1727).
2. Experiencia profesional en Rusia (1727-1741).
3. Madurez científica en Berlín (1741-1766).
4. Vejez productiva en San Petersburgo (1766-1783).

Es el más productivo de todos los matemáticos. Su *Opera Omnia* tendrá 87 vols. con cerca de 900 trabajos, más la correspondencia y manuscritos, un promedio de unas 800 páginas al año.

Tuvo 13 hijos (solo 5 sobrevivieron a la infancia) y 26 nietos a quienes les leía la Biblia y les hacía juguetes mecánicos y títeres para su entretenimiento. Fue quien ganó más premios de la Academia de Ciencias de París, con 13, siendo su contendiente más próximo Daniel Bernoulli con 10 premios. Poco después de su llegada a San Petersburgo, con algo más de 60 años, queda completamente ciego, pero en este período produce casi la mitad de toda su monumental obra con la ayuda de sus hijos Johann Albrecht (1734-1800), que ocupaba la cátedra de física en la Academia desde 1766, y Christoph (1743-1812), militar de carrera. También recibió la ayuda de otros miembros de la Academia. Paradójicamente, una de las obras que culmina estando ciego es su *Dióptrica* en tres tomos. Fue miembro de casi todas las academias de ciencias y sociedades científicas de su época.

Es notable que con este problema la noción de curva adquiere una nueva dimensión. De ser un instrumento en la representación y resolución de problemas se convierte ella misma en la incógnita de un problema de extremos. Con las soluciones a este desafío, aparecen las primeras señales de lo que sería una nueva rama de las ciencias matemáticas.

En su solución al problema de la braquistocrona, Jacob Bernoulli menciona dos cuestiones muy interesantes relativas a la evolución del concepto de curva. En primer lugar, basa sus razonamientos en la observación de que si una curva *ACDB* es la que minimiza el tiempo de descenso desde el punto *A* al punto *B*, entonces la porción *CD* de esta curva es la que minimiza el tiempo de descenso entre *C* y *D*. En otras palabras, si una curva realiza un mínimo para el problema global, cualquier porción de ella es un mínimo para el problema local correspondiente. Para demostrar esta afirmación se ve obligado a modificar de forma arbitraria la porción *CD* de la curva, y en sus razonamientos puede notarse una idea bastante general del concepto de curva que comprendía a aquellas que en ese momento no podían expresarse por medio de ecuaciones.

Apoyado en gran medida en las ideas de Jacob Bernoulli, Euler, en su famosa obra *Método para encontrar las líneas curvas que poseen una propiedad de máximo o de mínimo* (1744), desarrolla un procedimiento muy general para resolver una amplia colección de los problemas que hoy denominamos *variacionales*. En el Capítulo I de dicha obra afirma: *"Es posible reducir los problemas de la teoría de las curvas a los problemas del análisis puro. Y recíprocamente, cada problema de esta clase propuesto en el análisis puro puede ser considerado y resuelto como un problema de la teoría de las curvas"*. En esencia, Euler, para encontrar una condición necesaria que debe cumplir la curva extremal, supone que está ligeramente modificada y afirma que si la curva es extremal los valores de la integral correspondiente a ambas curvas deben coincidir. Es claro que las curvas consideradas por Euler tenían un carácter general y no podían estar supeditadas a fórmula alguna. Por otra parte, Euler tenía la pretensión de que estos problemas fueran enfocados desde el punto de vista del análisis puro, lo que significa, según la concepción euleriana, desde el punto de vista de las funciones.

El paso decisivo para considerar a las funciones no solo como herramientas de resolución de problemas, sino como un ente matemático digno de estudio por sí mismo, lo dio Leonhard Euler en la primera parte del libro *Introducción al análisis de los infinitos* (1748). En esta elegante y original obra, Euler sienta la pauta para el nacimiento de una nueva rama de la matemática, el análisis basado en el concepto de función y el uso de los procesos infinitos, tales como la sumación de series, para la representación de las funciones. Aquí aparece un tratamiento sistemático de los logaritmos y de las exponenciales, y de las funciones trigonométricas como relaciones numéricas entre segmentos lineales; así como un estudio sistemático de las propiedades de las funciones trascendentes elementales por medio de sus desarrollos en series de potencias.

El término *función* había aparecido en el trabajo de Leibniz *Consideraciones sobre la diferencia que hay entre el análisis ordinario y el nuevo cálculo de los trascendentes* cuando expone en forma general cuál es el tipo de problema que puede resolverse con el nuevo cálculo:

> *"Llamo función a toda porción de una recta que parte de un punto de la curva, y termina en algún otro lugar. Tales son la abscisa y ordenada del punto, las porciones de la tangente y la normal que terminan en uno de los ejes, la subtangente o la subnormal".*

Observemos que Leibniz da al término función un significado algo diferente al actual. La noción de *función* será inmediatamente adoptada por los hermanos Bernoulli, lo que satisfizo mucho a Leibniz. En el intercambio epistolar entre Johann Bernoulli y Leibniz, esta noción fue paulatinamente modificando su significado, y así en 1718, en un trabajo de Johann, aparece este concepto definido con un significado próximo al actual: "*Se llama función de una magnitud variable a una cantidad, que se compone de cualquier forma de esta magnitud variable y de constantes*". Bernoulli no aclara qué entiende por *cantidad*, pero del contexto en que la utiliza puede deducirse que se trata de algo susceptible de variación. Propone, además la notación φx para designar una función arbitraria de la variable x. El uso de la letra f y la introducción de los paréntesis se deben a Euler.

Una etapa definitoria para la transformación del cálculo de Leibniz y Newton en herramienta generalmente asociada a la solución de problemas geométricos o físicos concretos y en el análisis diferencial e integral (centrado en el concepto puramente matemático de función), la constituye la publicación de los tres tratados de Euler: *Introducción al análisis de los infinitos* (1748, en dos tomos), *Cálculo diferencial* (1755) y *Cálculo integral* (1768-70, en tres tomos).

En el prefacio de *Introducción al análisis de los infinitos* Euler señala: *"en el primer libro me he extendido sobre todo en las funciones de variables, porque ellas son el objeto del análisis infinitesimal".* De esta forma sitúa a las funciones en el centro del análisis. Para poner de manifiesto más claramente su distanciamiento de la base geométrica originaria de esta rama de las matemáticas no incluirá ninguna figura en todo el primer tomo de esta obra, como tampoco más tarde lo hará en sus tratados *Cálculo diferencial* y *Cálculo integral*. El estudio de las curvas lo agrupa en el segundo tomo, y en él aplica las ideas desarrolladas en la primera parte.

En su *Introducción al análisis de los infinitos*, Euler se adhiere esencialmente a la definición de función dada por Johann Bernoulli, pero introduce el término más adecuado de *expresión analítica*:

"Una función de una cantidad variable es una expresión analítica compuesta en cualquier forma de esta cantidad variable y de números o cantidades constantes".

A diferencia de Bernoulli, Euler aclara cuáles son las operaciones admisibles para la formación de las expresiones analíticas: las operaciones algebraicas usuales y varios procedimientos trascendentes que enumera y que incluyen el paso al límite[7]. A continuación clasifica las funciones según diversos criterios. Siguiendo la idea introducida por Leibniz para clasificar las curvas, dividió las funciones en algebraicas y trascendentes. Las primeras son las constituidas solo por operaciones algebraicas y en las segundas incluye aquellas en que la variable se ve afectada por alguna operación trascendente, es decir que *trasciende* las operaciones algebraicas. También las divide en explícitas e implícitas, uniformes y multiformes. . . Dentro de las funciones trascendentes incluye tanto las funciones trigonométricas y aquéllas definidas por exponenciales y logaritmos como también las dadas mediante integrales, sin embargo, dado el carácter elemental del texto, no trata estas últimas.

Para lograr su objetivo, Euler necesitó ampliar el conjunto de las funciones básicas que pueden generar una *expresión analítica*. Para ello en los capítulos VI, VII, VIII del primer tomo de la *Introducción* define y estudia las funciones exponencial, logarítmica y las circulares de una forma que podemos sin duda catalogar de actual. Por ejemplo, define la función exponencial como una potencia donde el exponente es variable y a continuación define el logaritmo de y con base a como el valor z tal que $a^z = y$. De este modo, las propiedades básicas del logaritmo son obtenidas a partir de las de la exponencial. Encuentra las propiedades y relaciones básicas entre estas funciones, en particular, sus desarrollos en serie de potencias. En resumen, las presenta con tanta claridad que se convierten simplemente en *funciones elementales*, aunque *trascendentes*.

Euler utiliza las nociones de cantidades *infinitesimal* e *infinitamente grande* en plano de igualdad con las cantidades numéricas. Posteriormente esta forma de trabajo no se consideró rigurosa, pero Euler obtiene con ella resultados totalmente válidos[8]. Por ejemplo, para desarrollar en serie la función exponencial escribe que $a^0 = 1$, luego si ω es infinitesimal se tiene que $a^\omega = 1 + k\omega$, donde k es una constante que depende de a. Así que:

(7) Valga la aclaración de que en toda la obra de Euler publicada nunca aparece una definición del concepto límite.

(8) Es curioso señalar que a mediados del siglo XX Abraham Robinson y sus seguidores pretendieron rehabilitar el estilo de Euler con el denominado *análisis no estándar*.

$$a^{j\omega} = (1 + k\omega)^j \qquad (*)$$

y usando el teorema del binomio:

$$a^{j\omega} = 1 + \frac{j}{1}k\omega + \frac{j(j-1)}{1\cdot 2}k^2\omega^2 + \frac{j(j-1)(j-2)}{1\cdot 2\cdot 3}k^3\omega^3 + \cdots$$

Entonces escribe $j = z/\omega$, donde z es una cantidad finita, por tanto, j es infinitamente grande. De este modo obtiene:

$$a^z = 1 + \frac{1}{1}kz + \frac{1(j-1)}{1\cdot 2j}k^2z^2 + \frac{1(j-1)(j-2)}{1\cdot 2j\cdot 3j}k^3z^3 + \cdots$$

pero j es infinitamente grande, luego $(j-n)/j = 1$, para todo valor de n, con lo que finalmente el desarrollo se reduce a:

$$a^z = 1 + \frac{kz}{1} + \frac{k^2z^2}{1\cdot 2} + \frac{k^3z^3}{1\cdot 2\cdot 3} + \cdots$$

En el caso particular $z = 1$, obtiene:

$$a = 1 + \frac{k}{1!} + \frac{k^2}{2!} + \frac{k^3}{3!} + \cdots$$

Para $k = 1$, Euler define la constante e:

$$e = 1 + \frac{1}{1!} + \frac{1}{2!} + \frac{1}{3!} + \cdots \qquad 2 < e < 3$$

Esta constante es identificada por Euler como la base de los logaritmos hiperbólicos o naturales y calcula su representación decimal con 23 cifras:

$$e = 2{,}71828182845904523536028$$

Si usamos N como notación del infinitamente grande $1/\omega$, entonces de (*) se obtiene:

$$e^z = \left(1 + \frac{z}{N}\right)^N \quad \text{y} \quad e = \left(1 + \frac{1}{N}\right)^N \qquad (**)$$

que hoy interpretamos como:

$$e^z = \lim_{N\to\infty}\left(1 + \frac{z}{N}\right)^N \quad \text{y} \quad e = \lim_{N\to\infty}\left(1 + \frac{1}{N}\right)^N \qquad (**)$$

Veamos ahora la forma en que Euler, a partir de esta *expresión analítica* de la exponencial, encuentra la representación del logaritmo. Denotemos $x = \log(1 + y)$, entonces, $1 + y = e^x$.

Sea ε una cantidad infinitesimal y

$$N = \frac{x}{\varepsilon}$$

infinitamente grande. Aplicando la expresión (**) para la exponencial se obtiene:

$$1 + y = e^x = e^{N\varepsilon} = (1 + \varepsilon)^N \quad \text{o} \quad \varepsilon = (1 + y)^{1/N} - 1$$

Por tanto:

$$\log(1 + y) = N\varepsilon = N\left((1 + y)^{1/N} - 1\right) \qquad (***)$$

Haciendo uso del desarrollo del binomio, se puede escribir:

$$(1 + y)^{1/N} = 1 + \frac{1}{N}y - \frac{1}{2!}\frac{N-1}{N^2}y^2 + \frac{(N-1)(2N-1)}{N^3}y^3 + \cdots$$

Pero N es infinitamente grande, entonces Euler utiliza (***) y un razonamiento semejante al realizado para la exponencial para concluir que:

$$\log(1 + y) = y - \frac{y^2}{2} + \frac{y^3}{3} - \frac{y^4}{4} + \cdots$$

Hasta la aparición del texto de Euler, las magnitudes seno y coseno eran fundamentalmente longitudes de segmentos de rectas relacionadas con una circunferencia de radio dado R. Así el seno de A era el segmento QP, la mitad de la cuerda que subtiende el ángulo de magnitud $2A$, y el coseno de A la longitud de la perpendicular OQ desde el centro de la circunferencia hasta esta cuerda (ver Fig. 42). Así que, con $R = 1000$:

$$\text{sen}\, 30^\circ = 5000 \quad \text{y} \quad \cos 30^\circ = 8660{,}25$$

Euler considerará exclusivamente el círculo de radio unidad e introducirá una nueva forma de medición de ángulos: les asignará *magnitudes lineales*, precisamente la longitud del arco de circunferencia correspondiente. Supongamos $R = 1$, entonces al ángulo A se le asigna como medida la longitud del arco PP'. De esta manera las relaciones trigonométricas, que en su uso milenario habían puesto en correspondencia magnitudes angulares con magnitudes lineales, se convirtieron en un procedimiento que ponía en

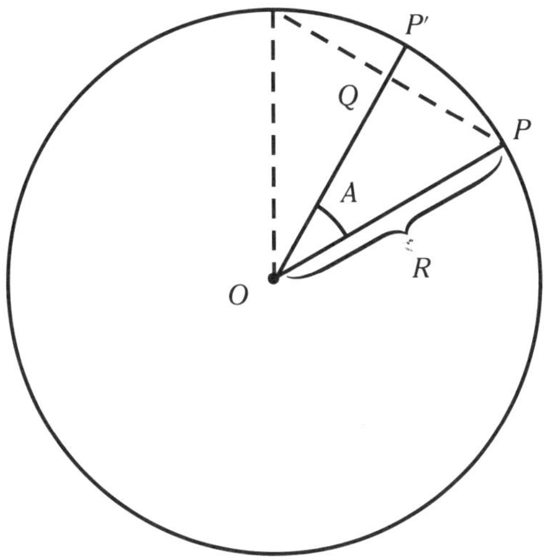

Fig. 42

correspondencia valores numéricos con idénticas dimensiones. Así adquirieron el rango de expresiones analíticas y se convirtieron definitivamente en funciones matemáticas, trascendentes, pero elementales.

Con el segundo tomo de su *Introducción*, Euler inicia la tradición, que perdura en nuestros días, de exponer la geometría analítica sistemáticamente, comenzando con el estudio de la línea recta, las cónicas y las curvas de tercer y cuarto orden. Sin embargo, inicia la exposición con algunas ideas de carácter general válidas para cualquier curva. Según comenta en el prólogo a la obra: "[...] *he dado una teoría de curvas en general que se puede emplear útilmente para conocer la naturaleza. Para esto no he tenido necesidad más que de la ecuación de la curva, que me ha servido para determinar la figura, y deducir las propiedades principales*".

En esta parte encontramos algunas ideas de Euler sumamente interesantes, sobre la noción de curva y su relación con el concepto función. Explica detalladamente como, dada una función, puede trazarse la curva correspondiente y señala que "[...] *cada función de* x[...] *dará una línea recta o curva, cuya naturaleza dependerá de la función* y". Más adelante se refiere al problema inverso:

> "*Como quiera que muchas líneas curvas se pueden describir mecánicamente por el movimiento continuo de un punto, que presenta ante los ojos a la curva en su totalidad, aquí las consideraremos*

principalmente como el resultado de funciones; esta manera de examinarlas es más analítica, más general y más propia del cálculo. Así una función cualquiera de x dará una cierta línea recta o curva; de donde sigue que recíprocamente se podrán describir las líneas curvas mediante las funciones".

Así que Euler hace corresponder una curva a cada función y las curvas las considera generadas por funciones. Añade Euler que de esta idea de línea curva surge en forma natural la división de las curvas en *continuas* y *discontinuas o mixtas*. Las primeras cuando vienen dadas por una sola función de x y las segundas cuando para su descripción son necesarias varias funciones diferentes. No obstante, considera que la geometría trata principalmente con curvas continuas.

El concepto de continuidad en Euler referencia una propiedad totalmente diferente a la que con tal denominación concebimos actualmente. Para Euler y sus contemporáneos todas las funciones imaginables son continuas (en nuestro sentido), salvo en algunos puntos aislados donde la variable dependiente podía hacerse infinitamente grande. Incluso eran concebidas, además, como derivables a trozos.[9] Esta situación es totalmente natural y perfectamente explicable a partir de la forma en que emergió el concepto de función, a partir del modelo de aquellas relaciones entre magnitudes variables con las que se tenía que tratar en la mecánica.

Aún después de que estas ideas adquirieron una forma abstracta, la imagen mental de las mismas seguía correspondiendo a aquellos movimientos que eran observados en la naturaleza, y estos eran continuos. Según esta idea intuitiva, todo cambio finito exige un tiempo finito; ninguna magnitud concreta puede variar sin pasar por una serie continua de posiciones intermedias. Incluso bien entrado el siglo XIX se consideraba que las funciones que no satisfacían las condiciones de continuidad no existían en la naturaleza y, por tanto, no merecían atención aún cuando estas funciones aparecieran en el análisis. Por ejemplo, Riemann (1826-1866), en su monografía *Sobre la posibilidad de representar una función por serie trigonométrica* de 1854, aún se siente en la obligación de justificar el tratamiento general que da al concepto de integral, para abarcar también funciones discontinuas, aunque "*éstas no se encuentren en la naturaleza*".

---

(9) El sentido moderno de discontinuidad resulta más próximo al de *discontigüidad*, que fuera hecho explícita por Arbogast en 1787 en la presentación de un trabajo que respondía a una convocatoria de premio por la Academia de Ciencias de San Petersburgo sobre la aclaración de lo que se entendía por una curva continua.

Las ideas alrededor del concepto función y su representación analítica se mantuvieron bajo la égida del mecanicismo más de un siglo. Sin embargo, no se tiene duda de que la precisión en su formulación lógica fue estimulada en el mismo siglo XVIII con la polémica generada por el problema de la cuerda vibrante. Sobre esto versará el próximo capítulo.

Ejercicios

Ejercicio 7.1

Muestra que la lemniscata puede describirse como el lugar geométrico de los puntos P tales que $PS_1 \cdot PS_2 = S_1S_2 = 2a$.

Ejercicio 7.2

Comprueba que el procedimiento de Johann Bernoulli descrito en el texto produce puntos que satisfacen la relación $y = x^x$.

LA FÍSICA ESTIMULA NUEVAS EXPRESIONES FUNCIONALES (c. 1740-c. 1840)

> *"Las matemáticas son una herramienta especialmente ajustada para ocuparse de conceptos abstractos de cualquier género y no hay límite para su poderío en este campo".*
>
> Paul Adrian Dirac (1902-1984)

La noción de función aparece en la obra de Euler bajo formas diferentes en distintos momentos de su vida y motivada por diversas razones de carácter teórico o práctico. Además de la concepción formal expuesta en su *Introducción al análisis,* Euler usa la idea de dependencia arbitraria entre cantidades variables. En el prefacio a su tratado *Cálculo diferencial*, aparece una definición más amplia de función, virtualmente equivalente a una definición moderna:

> *"Si algunas cantidades dependen de otras cantidades de modo que si las últimas cambian, las primeras también lo hacen, entonces las primeras cantidades se llaman funciones de las últimas. Esta denominación es de naturaleza amplia e incluye cada método por el cual una cantidad pudiera ser determinada por otras. Si, por consiguiente, x denota una cantidad variable, entonces toda cantidad la cual dependa de x en cualquier manera o esté determinada por ella es llamada una función de ella".*

Sin embargo, el uso que se hace de las funciones deja claro que para Euler, al igual que para sus contemporáneos, una función es una expresión analítica general. Esta expresión analítica puede ser un polinomio, una fracción racional, expresiones que contengan senos, cosenos o logaritmos, o también pueden venir dadas como suma de una serie o mediante una integral.

DANIEL BERNOULLI

Daniel Bernoulli (1700-1782) nació en Groninga (Holanda) durante el periodo en que su padre Johann Bernoulli era catedrático de matemáticas en la universidad de esa ciudad. Estudió en Basilea donde obtuvo el doctorado en medicina. Fue uno de los primeros contratados para fundar la Academia de Ciencias de San Petersburgo, donde trabajó de 1725 a 1733. A su regreso a Basilea ocupó la cátedra de fisiología y en 1750 la cátedra de mecánica.

Fue el más multifacético de los geómetras Bernoulli. Destacó en matemáticas puras en campos como la teoría de ecuaciones diferenciales, el cálculo de probabilidades y la sumación de series infinitas, pero sobre todo se apasionó por las matemáticas mixtas en temas tales como la náutica, la mecánica racional, la teoría de la elasticidad y la teoría de la música. Su obra principal es la *Hidrodinámica*, publicada en 1738. Fue dos veces rector de la Universidad de Basilea y siempre se sintió comprometido con su desarrollo. Ganó diez premios de la Academia de Ciencias de París sobre temas de gran importancia, siendo superado sólo por su amigo Leonhard Euler, que ganó trece.

Esta aparente contradicción estuvo indudablemente relacionada con la polémica generada por uno de los más célebres problemas del siglo XVIII, el problema de la cuerda vibrante. Esta famosa polémica giró en torno a la determinación del tipo de funciones $y = f(x)$ que podría considerarse que representaba la forma inicial de la cuerda.

La polémica de la cuerda vibrante

La génesis de este problema es bastante conocida, por ello nos detendremos en aquellos aspectos que nos brindan más luz sobre la ampliación de la noción de función.

En 1727 **Johann Bernoulli** envía dos cartas a San Petersburgo para llamar la atención de su hijo **Daniel** sobre el problema de la cuerda vibrante. Johann reseña los resultados alcanzados hasta entonces por otros geómetras y, por supuesto, destaca los suyos propios, desafiando a Daniel para que los superara.

Cuando Daniel Bernoulli recibió las cartas de su padre se empeñó en encontrar una solución plausible y, apoyándose en las investigaciones referidas por su progenitor, infirió que cualquier movimiento general se puede obtener como combinación de todas las oscilaciones fundamentales.

Daniel había llegado a la convicción de que la superposición de soluciones sinusoidales daba la solución más general al problema, lo cual implicaba la posibilidad de expresar una función arbitraria como suma de senos.

En el artículo "Teoremas sobre oscilaciones de cuerpos conectados por un hilo flexible y de una cadena verticalmente suspendida" (San Petersburgo, 1738), Daniel Bernoulli expresa:

> "[...] *una cuerda musical tensa puede producir sus vibraciones isócronas de muchas maneras, incluso, de acuerdo con la teoría, hasta de infinitas maneras* [...]. *El primer y más natural armónico tiene lugar cuando la cuerda produce en sus oscilaciones un solo arco; se produce entonces la oscilación más lenta y se emite el tono más bajo de entre todos los posibles, fundamental respecto al resto. El siguiente armónico exige que la cuerda produzca dos arcos a lados opuestos (de la posición de equilibrio de la cuerda) siendo entonces la oscilación el doble de rápida y emitiéndose ahora la octava del sonido fundamental*".

D'ALEMBERT

Jean le Rond D'Alembert (1717-1783), geómetra y filósofo francés, cursó derecho en el colegio Mazarino, y solo de forma autodidacta estudió matemáticas. Destacó como uno de los principales redactores de la *Enciclopedia*.

Su *Tratado de dinámica* (1743) fue el primer trabajo donde se formularon las ecuaciones diferenciales del movimiento de un sistema material arbitrario. En 1744 publicó el *Tratado sobre el equilibrio y el movimiento de los líquidos*, que fue una de las primeras obras sobre hidromecánica. Sus trabajos, junto a los de Daniel Bernoulli y Euler, fueron seminales en la fundación de la física matemática. Se preocupó por fundamentar el cálculo infinitesimal con la idea de límite y también se interesó por el álgebra y la teoría de series infinitas.

El tema de la cuerda musical va a adquirir una nueva y polémica connotación con la incorporación del joven **Jean le Rond d'Alembert**, quien pronto fue considerado entre los más prestigiosos geómetras de Francia en el siglo de las luces.

El trabajo de D'Alembert *Investigaciones sobre la curvatura que forma una cuerda extendida puesta a vibrar* (1749) desata la polémica. Se trata de investigar las oscilaciones pequeñas que adquiere una cuerda homogénea de longitud l fija en sus extremos. En este trabajo, D'Alembert encontró la ecuación diferencial que rige este movimiento:

$$\frac{\partial^2 y(t,x)}{\partial t^2} = a^2 \frac{\partial^2 y(t,x)}{\partial x^2}$$

donde a depende de la densidad y tensión de la cuerda (que se supone constante mientras la cuerda oscila) y le dio una solución de una manera sumamente ingeniosa. Obviemos el razonamiento de D'Alembert y mostremos la forma de la solución encontrada por él:

$$y(t,x) = \frac{1}{2}\phi(at + x) - \frac{1}{2}\phi(at - x)$$

donde ϕ es una función arbitraria, pero que ha de ser periódica, impar y además $\phi(x)$ debe coincidir en el intervalo $0 \leq x \leq l$ con la función $f(x)$ que describe la forma inicial de la cuerda.

D'Alembert trata de demostrar *"que existe una infinidad de curvas distintas de la sinusoidal"* entre las posibles formas de la cuerda vibrante. Por la forma de la ecuación general, dice, *"es fácil ver que esta ecuación encierra una infinidad de curvas"*.

Pero, no obstante señalar que la función ϕ es *arbitraria*, D'Alembert no estaba seguro de que la expresión analítica obtenida para la solución descompuesta por dos ondas viajeras dependientes de la posición inicial contuviera todas las formas posibles de una cuerda en movimiento, pues al estar regido el movimiento por una ecuación diferencial la solución debía ser suave (al menos dos veces diferenciable) y, por tanto, ϕ también debía ser suave. D'Alembert escribe:

> *"me parece que no podemos expresar y analíticamente en una forma más general si la suponemos una función de t y x. Pero entonces esta suposición significa encontrar la solución al problema solo para los casos en los cuales todas las diferentes figuras de la cuerda que vibra pueden ser expresadas por una sola ecuación*

diferencial. Me parece que en todo otro caso será imposible de dar y en una forma general".

Pocos meses después de leer los artículos de D'Alembert, Euler escribió el artículo *Sobre la oscilación de cuerdas*. Aunque en el método de solución siguió a D'Alembert, Euler tenía por ese tiempo una idea completamente distinta en cuanto a qué funciones se podían admitir como curvas iniciales. Fueron, al parecer, argumentos de naturaleza física en relación con el problema de la cuerda musical los que le impulsaron a anteponer su nuevo concepto de función. Euler acepta cualquier posición inicial de la cuerda, *definida por una fórmula* $f(x)$ *en* $-l \leq x \leq l$. Para Euler no es nada extraño aceptar la consideración de curvas no algebraicas, las llamadas curvas mecánicas, como tampoco era chocante que tales curvas mecánicas se pudieran expresar analíticamente por polinomios con infinitos términos.

Así pues, el principal punto de desacuerdo de Euler con D'Alembert es que el primero admitía toda clase de curvas iniciales, y por tanto, *soluciones generalizadas* que podían ser no suaves, mientras que D'Alembert, aunque comprendía la necesidad física de considerarlas, sentía reparos para aceptar curvas iniciales que no fueran suaves.

Cuando Daniel Bernoulli leyó los primeros artículos de D'Alembert y de Euler sobre la cuerda vibrante se apresuró a enviar a las Academias de San Petersburgo y de Berlín varios trabajos enfatizando su prioridad y las características más generales de sus resultados. En uno de estos artículos, publicado en 1753, Daniel Bernoulli subraya un aparente conflicto entre las consideraciones sobre las soluciones sinusoidales y la infinita variedad de soluciones distintas de las sinusoidales que aparecen en los trabajos de D'Alembert y Euler.

Después de permitirse sarcasmos sobre el carácter abstracto de los trabajos de D'Alembert y Euler, reitera que pueden existir simultáneamente muchos modos de oscilación en la cuerda vibrante, en correspondencia con la superposición de los armónicos fundamentales, e insiste en que todas las posibles curvas iniciales se pueden representar en la forma:

$$f(x) = \sum_{n=1}^{\infty} a_n \operatorname{sen} \frac{n\pi x}{l} \qquad (*)$$

porque existen suficientes constantes a_n como para que la serie se ajuste a cualquier curva. En consecuencia, afirma, que todos los correspondientes movimientos vendrán dados por la serie infinita:

$$y(t, x) = \sum_{n=1}^{\infty} a_n \operatorname{sen} \frac{n\pi x}{l} \cos \frac{n\pi ct}{l}$$

de donde:

$$y(0,x)=\sum_{n=1}^{\infty}a_n \operatorname{sen}\frac{n\pi x}{l}=f(x).$$

Así pues, cualquier movimiento, correspondiente a una curva inicial $f(x)$, no es más que una suma de armónicos periódicos sinusoidales, y la combinación tiene la frecuencia del armónico fundamental. Sin embargo, Bernoulli no dio argumentos matemáticos para apoyar sus afirmaciones, se apoyó solamente en argumentos físicos.

En su réplica, Euler afirma que la cuestión principal radica en preguntarse si todas las curvas del conjunto de la cuerda en movimiento están contenidas o no en esta expresión analítica. Además Euler opinaba que la determinación de los coeficientes *"es sin duda muy difícil, por no decir imposible"*.

Podemos observar como en esta polémica se debaten las concepciones establecidas y las novedosas, estas últimas todavía imprecisas, relacionadas con la idea de *función arbitraria* y sus representaciones geométrica y analítica. En primer lugar, había consenso en que era posible expresar toda curva mediante una función; en segundo lugar, se suponía que una función debía venir dada por una expresión analítica o fórmula; y, finalmente, no se admitía una expresión diferente para cada intervalo numérico; toda representación analítica de la función era única para todos los valores posibles de la variable. Una de las principales causas de la porfía reside en la consideración de la posibilidad de desarrollar una *función arbitraria* en series de potencias, pero no en series de otras funciones elementales como las trigonométricas. Las funciones definidas por una serie de potencias en la vecindad de un punto quedan completamente determinadas para todos los valores de la variable. Dicho de otra forma, la expresión analítica **local** determina la expresión **global** de la función. Como se sabe, esto no ocurre con las expresiones dadas por series trigonométricas.

Euler y D'Alembert dieron sus soluciones de la ecuación de ondas en forma cerrada, utilizando una *función arbitraria*, mientras que Daniel había encontrado una solución en términos de una suma infinita de funciones trigonométricas. Y como esta última solución parecía implicar claramente el carácter periódico de la función, mientras que las funciones arbitrarias de D'Alembert y Euler no eran periódicas necesariamente, parecía que la solución de Bernoulli era menos general. Lo que no podía comprenderse entonces era que una superposición de funciones tan suaves como las trigonométricas pudiera representar una *función arbitraria*. Los medios técnicos del análisis matemático en esta época eran insuficientes para abordar con rigor y mayor generalidad el concepto básico de función.

La exhortación de Euler a buscar los argumentos rigurosos para determinar si cualquier función, por arbitraria que fuese, admite una representación mediante una serie trigonométrica, encontró eco en el joven **Joseph Louis Lagrange**, quien, después de mantener un importante intercambio epistolar con Euler, con solo 23 años, publicó el trabajo *Investigaciones sobre la naturaleza y la propagación del sonido* (1759).

En el prólogo de este trabajo Lagrange expresa claramente cuál es el propósito que le anima: luchar contra el prejuicio de aquellos que opinan que las matemáticas nunca podrían contribuir al verdadero conocimiento de la física. Y, por otra parte, tratar de reconciliar las consideraciones de D'Alembert, Euler y Daniel Bernoulli mediante una visión sintética de la naturaleza de las pequeñas vibraciones.

Tras largos y difíciles cálculos, algunos más que dudosos, Lagrange obtiene, de forma puramente analítica, la representación en funciones trigonométricas de la solución general.

En la expresión de la solución general en este primer trabajo, Lagrange estuvo a punto de descubrir las famosas series trigonométricas de Fourier. El matemático Poisson, seguramente basándose en esto, afirmaba que era Lagrange, y no Fourier, el que tenía el mérito de ser el iniciador del análisis armónico.

Euler, Bernoulli y D'Alembert, si bien elogiaron la originalidad de los planteamientos de Lagrange y la gran habilidad matemática derrochada en la elaboración de su trabajo, criticaron aspectos concretos de los cálculos efectuados.

Resulta bastante probable que las reflexiones relacionadas con las críticas de sus predecesores hayan influido en la obsesión de Lagrange por probar que las *funciones auténticas* del análisis o *funciones analíticas* son precisamente aquellas que se expresan por series de potencias y con esto tratar de fundamentar algebraicamente el *análisis infinitesimal*.

Lagrange desarrollará detalladamente sus ideas al respecto en el libro *Teoría de las funciones analíticas* (1797), mientras ejercía como catedrático en l'École Polytechnique de París. Un elemento que enfatiza Lagrange en su libro es la necesidad de lograr en el análisis independencia de cualesquiera consideraciones geométricas o mecánicas, es decir, la necesidad de desarrollar una teoría autónoma enmarcada en su propio entorno lógico.

En las primeras páginas de su libro Lagrange comienza con la siguiente definición de función:

"Llamamos función a toda expresión matemática de una o varias cantidades en la cual éstas aparecen de cualquier manera, relacionadas o no con algunas otras cantidades que son consideradas como constantes, mientras las cantidades de la función pueden tomar todos los valores posibles".

LAGRANGE

Giuseppe Ludovico Lagrangia o Joseph Louis Lagrange (1736-1813) nació en Turín, entonces capital del ducado de Saboya. Su bisabuelo, parisino de origen, estaba emparentado con la familia de Descartes y como capitán de caballería fue asignado a Turín, donde se estableció. Lagrange estudió en la Universidad de Turín y desde los 17 años fue profesor en la Escuela de Artillería. Junto a sus alumnos en Turín creó una sociedad científica que pronto se convirtió en una Academia de Ciencias. Por ello, los primeros tomos de la *Miscellanea turinensia* están repletos de trabajos de Lagrange.

Federico el Grande lo invitó a ocupar la plaza de Euler en Berlín cuando este regresó a San Petersburgo. A la muerte de Federico fue invitado por Louis XVI a París, donde permanecería desde 1787 hasta su muerte. Fue profesor de l'École Normale primero y desde 1797 de l'École Polytechnique. Tenía una amplísima cultura matemática y sus obras tocan temas disímiles de la mecánica, la geometría, la teoría de ecuaciones diferenciales, el cálculo de variaciones, la teoría de funciones analíticas, el álgebra, la teoría de números, la astronomía y de otros dominios del saber.

Ganó varios premios de la Academia de Ciencias de París por sus trabajos sobre mecánica celeste; en particular en 1766 sobre el problema de los tres cuerpos, que más tarde se aplicó a la teoría del movimiento de los satélites de Júpiter conocidos como los *Troyanos*. Tenía un carácter introvertido y severo, pero a los 56 años se casó con una joven de 17 que dio un nuevo brío a su vida. Tuvo un papel importante en el perfeccionamiento de la educación en el período revolucionario francés, sobre todo en época de Napoleón, que lo premió por toda su labor científica en Francia.

FOURIER

Jean Batiste Joseph Fourier (1768-1830) era hijo de un sastre que lo dejó huérfano a los ocho años. Quiso estudiar en una academia militar de su provincia natal, pero al no ser noble no se pudo matricular pese a contar con el apoyo de Legendre. Se tuvo que contentar con entrar en una abadía benedictina como novicio y maestro de matemáticas. En 1789, después de las reformas de la Revolución Francesa, pudo por fin ingresar en la citada academia militar, donde impartió clases de retórica, historia y filosofía. En 1795 fue enviado a l'École Normale de París como alumno, pero pronto destacó y pasó a ser profesor de l'École Polytechnique.

Participó en la campaña de Napoleón en Egipto y fue nombrado secretario del Instituto Egipcio. Al regresar a París, en 1801, trabajó en las reformas del sistema educativo. En 1816, una vez depuesto Napoleón, fue elegido miembro de la Academia, pero el rey no lo confirmó. Por segunda vez, al siguiente año, fue elegido, y confirmado en la sección de física general.

Además de los problemas de la propagación del calor y las series trigonométricas, se interesó en el estudio de las ecuaciones algebraicas, sobre todo por su solución numérica. Publicó varias memorias sobre temas de estadística matemática y teoría de probabilidades e hizo varios esbozos biográficos sobre sabios franceses.

Esta definición tiene un carácter muy general, sin embargo, Lagrange va a operar en sus razonamientos solo con expresiones analíticas al estilo de Euler, y en la generalidad de los casos se va a limitar al uso de series de potencias, con la convicción de que toda función *auténtica* del análisis pudiera representarse de tal forma.

Recalquemos aquí una interesante situación paradójica. Por una parte, desde la segunda mitad del siglo XVII y durante todo el siglo XVIII fue cristalizando la idea de identificar el concepto de función con una expresión analítica, pasando la representación geométrica del concepto cada vez más a un segundo plano. Sin duda, fueron Euler y Lagrange los principales promotores de este alejamiento del análisis y la geometría. Sin embargo, tanto Euler como Lagrange no estaban de acuerdo con la idea, puramente analítica, de Daniel Bernoulli de considerar expresiones dadas por series de funciones trigonométricas y se aferraron a la *algebrización* de las funciones del análisis (*analíticas*) a través de desarrollos en series de potencias al estilo de los clásicos trabajos de Newton y Leibniz.

Es innegable que un paso decisivo en el esclarecimiento de esta problemática es el que da **Joseph Fourier** en 1807 cuando presenta a la Academia de París, por primera vez, su *Memoria sobre la propagación del calor*.

A comienzos del siglo XIX muchos físicos e ingenieros se interesaron por la problemática de la propagación del calor en los cuerpos sólidos por su importancia como una forma de energía que podía usarse para ayudar a la producción fabril. Por ello, la memoria de Fourier fue recibida con interés pero, debido a su falta de rigor matemático, no fue publicada.

La Academia de Ciencias de París, con el objetivo de estimular a Fourier a perfeccionarla, anunció que su premio al mejor trabajo científico de 1812 sería sobre el tema de *la teoría matemática de la conducción del calor*. A fines de 1811 Fourier presenta de nuevo su memoria en calidad de trabajo concursante y obtiene el premio, aunque nuevamente recibió objeciones de los académicos y por ello no fue publicada inmediatamente, como era costumbre proceder con los trabajos ganadores. Este trabajo se editaría finalmente en 1822 cuando el propio Fourier era secretario permanente de la Academia. Tras el conocimiento de su obra, los sabios de la época consideraron a Fourier como original introductor de nuevos métodos matemáticos en el tratamiento de los problemas de la física y fundador de una nueva ciencia: la física matemática.

En el capítulo III, “Difusión del calor en un cuerpo rectangular infinito”, es donde Fourier introduce su método original de trabajo con series trigonométricas. Uno de los problemas que trata es la distribución de la temperatura V en una lámina plana infinita (Fig. 43) con *temperatura estacionaria*, esto es, cuando V no depende del tiempo. Como condiciones de contorno requiere que la temperatura se mantenga constante e igual a 1 en la extremidad corta de la lámina e igual a 0 en sus dos lados largos.

Entonces reduce el problema a encontrar una función V que satisfaga:

$$\frac{\partial^2 V}{\partial x^2} + \frac{\partial^2 V}{\partial y^2} = 0$$

$V(x, \pm 1) = 0$ para todo x y $V(0, y) = 1$ para $-1 < y < 1$.

Fourier supone que la función V se puede escribir con las variables separadas $V(x, y) = f(x)g(y)$ y, después de algunos cálculos, concluye que la forma más general de la solución es:

$$V(x, y) = a_1 e^{-\frac{\pi}{2}x} \cos \tfrac{\pi}{2}y + a_2 e^{-\frac{3\pi}{2}x} \cos \frac{3\pi}{2}y + \cdots +$$
$$+ a_k e^{-\frac{(2k-1)\pi}{2}x} \cos \frac{(2k-1)\pi}{2}y + \cdots$$

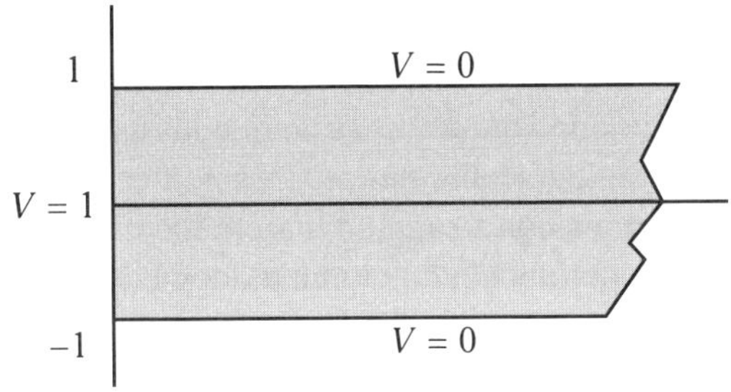

Fig. 43

La condición $V(0, y) = 1$ para $y \in (-1,\ 1)$ le proporciona la relación que deben satisfacer los coeficientes constantes a_k:

$$1 = a_1 \cos \frac{\pi}{2} y + a_2 \cos \frac{3\pi}{2} y + \cdots + a_k \cos \frac{(2k-1)\pi}{2} y + \cdots \qquad (**)$$

$$y \in (-1,\ 1)$$

Fourier multiplica ambos miembros de la expresión (**) por

$$\cos \frac{(2k-1)\pi}{2} y$$

e integra término a término de -1 a 1 para obtener:

$$\int_{-1}^{1} \cos \frac{(2k-1)\pi y}{2} dy = a_1 \int_{-1}^{1} \cos \frac{\pi}{2} y \cos \frac{(2k-1)\pi y}{2} dy +$$

$$+ a_2 \int_{-1}^{1} \cos \frac{3\pi y}{2} \cos \frac{(2k-1)\pi y}{2} dy + \cdots + a_k \int_{-1}^{1} \cos^2 \frac{(2k-1)\pi y}{2} dy + \cdots$$

entonces comprueba que, excepto la k-ésima, todas las integrales del segundo miembro se anulan y esto le permite calcular el valor del coeficiente a_k:

$$a_k = \frac{4}{(2k-1)\pi}(-1)^k$$

Fourier generaliza estos cálculos para el caso en que la temperatura en el lado corto de la lámina no sea constante 1, sino que venga dada por una función par cualquiera. De esta manera aparecieron las fórmulas habituales para los hoy llamados coeficientes de Fourier.

En relación con el cálculo de los coeficientes, Fourier realiza una observación importante: para permitir el cálculo de los coeficientes en el desarrollo de una función $f(x)$ es suficiente que, para cada valor de n, la región bajo la curva $y = f(x) \cos nx$ tenga un área que pueda ser interpretada como el valor de la integral. De modo que Fourier no exige que las expresiones que aparecen en el integrando de la fórmula de los coeficientes tengan una primitiva conocida. Más aún, Fourier, con su actitud matemática, no quiso poner ninguna barrera al tipo de dependencia funcional manejable mediante el análisis:

> *"Si se propone una función $f(x)$ cuyo valor está representado, en un intervalo determinado, desde $X = 0$, hasta $X = x$, por la ordenada de una curva trazada arbitrariamente, se podrá desarrollar esta función en una serie que no contendrá más que los senos y cosenos de arcos múltiplos* [...].
>
> *Estas series trigonométricas, ordenadas según los cosenos o los senos del arco, pertenecen al análisis elemental como las series cuyos términos contienen las potencias sucesivas de la variable. Los coeficientes de las series trigonométricas son áreas definidas, y los de las series de las potencias son funciones dadas por diferenciación y en las cuales se atribuye también a la variable un valor definido".*

En esta última comparación de la serie trigonométrica, que hoy llamamos *serie de Fourier*, con la serie de potencias, se encierra el paso fundamental hacia el nuevo paradigma sobre el concepto de función.

Los coeficientes de la serie de Fourier surgen como áreas a partir de la interpretación geométrica de la función, que ahora puede ser representada por una curva mecánica, mientras que los coeficientes de las series de potencias surgen de la diferenciación de la función. Las funciones que permiten la diferenciación son muchas menos que las que permiten la integración.

Aunque nunca estuvieron entre los objetivos inmediatos de Fourier y de sus contemporáneos, las series trigonométricas atrajeron la atención al estudio de las funciones integrables y a la necesidad de una precisión de la integral definida de tal forma que incluyera a las funciones discontinuas, otorgándoles los mismos derechos analíticos que a las continuas, como herramientas en la solución de problemas físicos.

En más de cincuenta páginas de su tratado Fourier se concentra en el *desarrollo de una función arbitraria en serie trigonométrica*. Observa que su análisis puede ser aplicado al problema de la cuerda vibrante y con ello justifica el punto de vista de Daniel Bernoulli. Un resultado crucial es mostrar la posibilidad de desarrollo en serie trigonométrica de una función que se expresa en un intervalo por más de una fórmula (una función discontinua según la terminología del siglo XVIII). Fourier probó que una curva constituida por una combinación de arcos de curvas diferentes puede representarse en una sola expresión analítica: la serie trigonométrica asociada.

En realidad, Fourier solo trató funciones con un número finito de discontinuidades en un intervalo finito, pero su obra revolucionó la convicción tradicional de que las funciones algebraicas y las trascendentes elementales eran el prototipo de funciones *arbitrarias* y solo ellas las *auténticas* del análisis matemático.

Al final de su obra Fourier expresa una definición de función que se acerca a la concepción moderna del concepto:

> *"Ante todo debe notarse que la función* $f(x)$ *para la cual esta prueba se presenta, es enteramente arbitraria, y no está sujeta a una ley de continuidad* [...]. *En general, la función* $f(x)$ *representa una sucesión de valores dados para las abscisas* x [...]. *No suponemos que estas ordenadas estén sujetas a una ley común; se suceden una a la otra de cualquier manera, y cada una de ellas está dada como si fuera una sola igualdad".*

Es interesante notar que fueron los problemas de la física relacionados con la propagación del sonido, del calor y, en general, con los fenómenos susceptibles de una modelación como movimiento ondulatorio, los que estimularon la precisión en las principales nociones relacionadas con la representación de las funciones. Con el tratamiento de esta problemática se favoreció el cuestionamiento de la legitimidad de ciertas suposiciones habituales. Por ejemplo: ¿será posible expresar cualquier función continua mediante una serie trigonométrica? y ¿no habrá otras funciones discontinuas que sean representadas por series de Fourier? Pero, ¿pueden hallarse los coeficientes con la integral de una función que no sea continua? Sobre las respuestas lógicamente válidas a estas interrogantes, y a otras, trataremos en el próximo capítulo.

CON RIGOR LÓGICO SE PRECISAN CONCEPTOS... Y SE CREAN MONSTRUOS (c. 1820-c. 1920)

"La mejor obra de los matemáticos es arte, un arte mayor perfecto, como la osadía de los más íntimos sueños de la imaginación...".

Gösta Mittag-Leffler (1846-1927)

En las postrimerías del siglo XVIII el problema de la reconsideración crítica del sistema de definiciones y procedimientos lógicos plasmados en las demostraciones adquirió novedad singular, y las investigaciones sobre la fundamentación del análisis matemático ocuparon en las matemáticas del siglo XIX un lugar significativo. Un concepto primordial que se precisó fue el de *continuidad*.

La primera definición de función continua en el sentido actual la va a ofrecer **Bernhard Bolzano** en el trabajo *Una demostración puramente analítica del teorema que entre cualesquiera dos valores los cuales dan resultados de signo opuesto, hay al menos una raíz real de la ecuación*, publicado en 1817. En la introducción a esta obra, Bolzano realiza una crítica a las diferentes formas de referirse a la continuidad que existían en ese momento y cuestiona la idea intuitivo-geométrica de que una curva continua debe, de alguna forma, cruzar cualquier línea recta r que sitúe en diferentes semiplanos sus puntos inicial y final A y B. Por ello comienza aclarando qué debe entenderse por función continua:

"Decir que una función $f(x)$ varía de acuerdo a una ley de continuidad para todos los valores de x que están dentro o fuera de ciertos límites, no es otra cosa que esto: si x es cualquiera de tales valores, la diferencia $f(x+\omega) - f(x)$ puede ser hecha menor que cualquier cantidad dada, si uno hace ω tan pequeño como se desee".

BOLZANO

Bernhard Bolzano (1781-1848) nació en Praga y estudió filosofía, matemáticas y teología en su universidad. En 1805 recibió su doctorado en teología, poco antes había sido ordenado sacerdote. Ese mismo año fue nombrado para la cátedra de filosofía y religión en la Universidad de Praga, cargo del que sería suspendido en 1819 por sus ideas de justicia social e independencia. También, por presión del gobierno austriaco, estuvo bajo arresto domiciliario y se le prohibió expresar sus ideas tanto de forma oral como por escrito. Esto provocó que su obra fuera poco conocida.

Entre sus resultados se encuentran cuestiones relacionadas con la fundamentación del análisis y con la teoría de conjuntos que se adelantaron a Cauchy, Weierstrass y Cantor. También se interesó por precisar los conceptos de la física y consideró necesaria la axiomatización de la mecánica. Defendió la idea de que el método matemático era el único válido en la investigación científica. La mayoría de sus trabajos fueron publicados póstumamente.

Seguidamente Bolzano enuncia el hoy denominado por muchos *criterio de Cauchy* para la convergencia de una sucesión de funciones:

> *"Si una sucesión de magnitudes $F_1(x)$, $F_2(x), \ldots, F_n(x), \ldots$, es tal que la diferencia entre su término enésimo $F_n(x)$ y todo otro término posterior $F_{n+r}(x)$, resulta más pequeña que toda magnitud dada, cuando se toma n suficientemente grande, entonces existe una cierta magnitud constante y solo una a la cual se acercan siempre los términos de esta sucesión y a la cual se pueden aproximar tan cerca como se quiera, cuando se prolongue la sucesión lo suficientemente lejos".*

Aunque Bolzano no realiza una demostración completa de este criterio (como tampoco lo hará Cauchy), proporciona una explicación donde insiste en que ese valor límite se puede determinar *con la precisión que se quiera*, lo que apunta hacia la necesidad de una definición adecuada de número real (que desarrollará en una obra de 1835).

El teorema de los valores intermedios lo enuncia Bolzano de la forma siguiente:

> **Teorema 2.** *Si dos funciones de* x, $f(x)$ *y* $\varphi(x)$, *varían de acuerdo a la ley de continuidad para todos los valores de* x, *o para aquellos que están entre* α *y* β *y si* $f(\alpha) < \varphi(\alpha)$ *y* $f(\beta) > \varphi(\beta)$, *entonces existe siempre un valor de* x *entre* α *y* β *para el cual* $f(x) = \varphi(x)$.

Como observamos, la formulación de Bolzano revela la interrelación que existe entre el estudio de la continuidad de una función y la propiedad de continuidad del conjunto de los números reales.

Pero Bolzano no se interesó solo por las funciones continuas, sino que inició el estudio de las funciones discontinuas. En este sentido, produjo un ejemplo sumamente interesante de una función que, no obstante ser discontinua, tiene la siguiente propiedad: dados dos valores de la función, toma también todos los valores intermedios entre ellos. La función Φ construida por Bolzano toma todos los valores entre -1 y 1 en el intervalo $[-1, 1]$, y sin embargo, es discontinua en todo punto de dicho intervalo (Fig. 44):

$$\Phi(x) = \begin{cases} x, & x = \dfrac{2m+1}{2^n} \\ -1, & x = 0 \\ 0, & x = -1 \\ -x, & \text{en otro caso} \end{cases} \qquad (m \text{ y } n \text{ enteros})$$

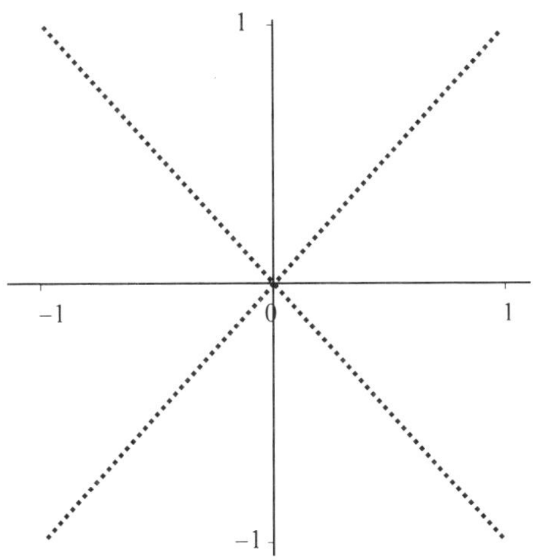

Fig. 44

Lamentablemente, la obra de Bolzano no fue difundida, y menos aún reconocida, entre sus contemporáneos, incluso su monografía más importante: *Estudio sobre las funciones*, fue encontrada en 1920 y publicada solo en 1930, 100 años después de ser escrita.

Augustin-Louis Cauchy da en su *Curso de análisis* (1821), concebido como libro de texto para la Escuela Politécnica, una definición general de función:

> *"Cuando las cantidades variables están relacionadas entre sí de modo que, dado el valor de una de éstas, se puedan determinar los valores de todas las otras, ordinariamente se concibe a estas cantidades diversas expresadas por medio de una entre ellas, la cual entonces toma el nombre de variable independiente; y las otras cantidades expresadas por medio de la variable independiente son aquellas que uno llama funciones de esta variable".*

A continuación Cauchy enuncia una definición de función continua semejante a la de Bolzano, aunque, al parecer, llegó a ella de forma independiente. No obstante, la aclaración completa de la diferencia entre la continuidad euleriana y la de Bolzano-Cauchy aparece mucho más tarde, en 1844, cuando Cauchy da el ejemplo de la función:

$$y = \begin{cases} x, & x \geq 0 \\ -x, & x < 0 \end{cases}$$

que con esta forma de expresión resulta *discontinua* en el sentido de Euler, pero que también puede ser dada por una sola expresión analítica:

$$y = \frac{2}{\pi} \int_0^{\infty} \frac{x^2 dt}{t^2 + x^2} = |x|,$$

y entonces sería *continua* según Euler. Así muestra Cauchy que la definición dada por Euler resulta insostenible teóricamente.

Cauchy añadirá al *Curso de análisis* otro libro de texto que también ejercerá una influencia decisiva en la fundamentación del análisis, y en particular en el concepto función: *Resumen de las lecciones de cálculo diferencial e integral*.

Mientras que para Lagrange el desarrollo de funciones en serie de Taylor era el punto de partida, Cauchy lo expone al final de sus *Lecciones*. En el prólogo advierte que se vio forzado a enviar al cálculo integral la fórmula de Taylor, ya que *"esta fórmula puede ser admitida como general solo cuando la serie que ella encierra se reduce a un número finito de términos y además es completada por una integral definida".* De esta manera, demuestra la fórmula de Taylor con el resto en forma integral y, también enfatiza que en cada caso debe probarse que este resto tiende a cero para poder considerar la representación de la función por medio de una serie infinita. Con este fin propone el ejemplo de la función

$$f(x) = e^{-x^2} + e^{-(1/x)^2},$$

cuya serie de Taylor en $x = 0$ no converge a la función f sino a su primer sumando: e^{-x^2}. Este ejemplo resultó el golpe de gracia a la concepción lagrangiana de que una *función arbitraria* se podía desarrollar en serie de

CAUCHY

Augustin-Louis Cauchy (1789-1857) fue influido en su educación por Lagrange y Laplace, amigos de su familia. En 1807 se graduó en l'École Polytechnique e ingresó en la Escuela de Ingenieros de Caminos, donde fue un alumno destacado. Trabajó como ingeniero en Cherbourg durante varios años y realizó simultáneamente varios trabajos importantes, que fueron publicados y apreciados por los matemáticos. No obstante, fracasó al intentar conseguir varios puestos académicos. En 1816, tras la restauración de los Borbones, Carnot y Monge fueron expulsados de la Academia y uno de los puestos vacantes fue ocupado por Cauchy. En 1817 comenzó a trabajar en el Collège de France.

Cauchy no mantuvo buenas relaciones con otros científicos. Abel, que lo visitó en 1826, escribió: "*Cauchy está loco y no hay nada que se pueda hacer por él, sin embargo, en este momento es el único que conoce como deben hacerse las matemáticas*". Cauchy era un monárquico recalcitrante y esta actitud le causó muchos problemas. En 1831, dadas las condiciones políticas en Francia, se exilió voluntariamente y viajó a Turín y más tarde a Praga. Finalmente regresó a París en 1838 y recuperó su puesto en la Academia. Su plaza de profesor no pudo, sin embargo, recuperarla hasta 1848. Después de Euler, posiblemente sea el geómetra más productivo de todos los tiempos.

potencias y sentó las bases para una nueva forma de concebir las funciones y su representación.

Una aportación indiscutible de Cauchy relacionada con el concepto función es el establecimiento del concepto de integral definida. Hasta ese momento, la integración de una función era concebida simplemente como la operación inversa de la diferenciación. Pero aunque se habían obtenido logros tan importantes como el cálculo de primitivas de las funciones racionales, de ciertas clases de irracionales y de numerosas funciones trascendentes, existían serias dificultades. Incluso integrales de la forma

$$\int f\left(x,\ \sqrt{R(x)}\right) dx,$$

donde R es un polinomio de tercer o cuarto grado y f una función racional, no se conseguían integrar en forma exacta. Esto motivó que empezara a dudarse de la posibilidad de encontrar la primitiva de expresiones analíticas, incluso de las relativamente sencillas. Resultó natural preguntarse: ¿vale la pena proseguir con los esfuerzos?, ¿existirá tal función primitiva?

Cauchy definió la integral de una función continua (que extendió a funciones que tienen un número finito de discontinuidades) basándose en la recién definida noción de límite y sin apelar a un algoritmo de cálculo de difícil o imposible ejecución. De esta manera amplió las posibilidades de la representación de funciones, tanto mediante una expresión en forma de integral como a través de las series trigonométricas cuyos coeficientes podrían ser obtenidos por una integral definida.

Pero Cauchy también propagó en sus textos y cursos una idea equivocada: el admitir que la continuidad se conserva no sólo en las operaciones algebraicas de suma y multiplicación, sino también en el límite, en las series y los productos infinitos. Es un joven matemático noruego **Niels Abel** (1802-1829) quien primero se atreve a señalar el error de Cauchy sobre la suma de una serie de funciones continuas. En una carta dirigida a su amigo Holmboe en enero de 1826, Abel da como contraejemplo la serie convergente de funciones continuas:

$$\operatorname{sen} x - \frac{\operatorname{sen} 2x}{2} + \frac{\operatorname{sen} 3x}{3} + \cdots + (-1)^{n+1}\frac{\operatorname{sen} nx}{n} + \cdots \qquad \text{(Fig. 45)}$$

que en $[0, \pi]$ tiene como suma la función discontinua en π:

$$f(x) = \begin{cases} \dfrac{x}{2} & \text{si } x \in [0, \pi) \\ 0 & \text{si } x = \pi \end{cases}$$

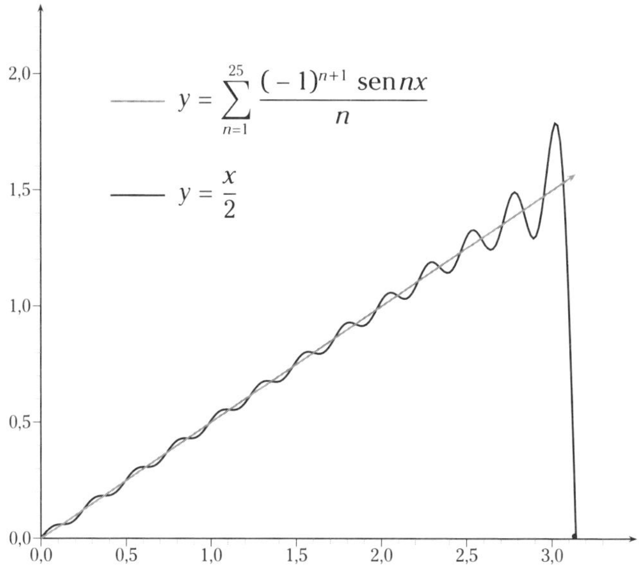

Fig. 45

Abel y otros matemáticos jóvenes, con sus nuevas ideas y el uso de potentes herramientas surgidas en la primera mitad del siglo XIX, aumentaron el arsenal de funciones disponibles, pero también ampliaron considerablemente el contenido de esta noción, brindando así la posibilidad de estudiar profundamente las funciones y clasificarlas de acuerdo a sus propiedades.

Por otra parte, el análisis matemático había penetrado profundamente en la física, donde la variedad de tipos de movimientos estudiados (principalmente los procesos ondulatorios, electromagnéticos y termodinámicos) se había acrecentado considerablemente. La profundización en el estudio de los problemas físicos mostró que las funciones concebidas hasta el momento no eran suficientes. En muchas ocasiones era necesario considerar procesos no analíticos y, en ocasiones, incluso discontinuos. Esta situación propició que los matemáticos se interesaran por ampliar el alcance de las nociones vinculadas al concepto de función.

En el periodo 1822-1825 **Lejeune Dirichlet** visita París, donde conoce a Fourier y su trabajo sobre el desarrollo de las funciones en series trigonométricas. Pero al joven Dirichlet no le satisface plenamente el rigor con que se analiza la convergencia de este tipo de series y decide corregir esta insuficiencia. Surge así el trabajo de Dirichlet, publicado en 1829, *Sobre la convergencia de series trigonométricas*. En él, Dirichlet trabaja con funciones que satisfacen dos condiciones: son continuas en el intervalo $[-\pi, \pi]$, salvo posiblemente en un número finito de puntos, y poseen a lo sumo un número finito de máxi-

DIRICHLET

Gustav Lejeune Dirichlet (1805-1859) estudió en París debido al bajo nivel matemático que había entonces en Alemania. Tuvo como profesores a Fourier, Legendre y Poisson. Su primer artículo fue sobre la famosa conjetura de Fermat para $n = 5$, más adelante probaría el caso $n = 14$. En 1825 regresó a Alemania, pero no tenía doctorado ni sabía latín, algo imprescindible entonces para ejercer como profesor, pero la Universidad de Colonia le concedió un doctorado honorario y pudo comenzar como profesor en la Universidad de Breslau (actual Wroclaw). En 1828, a petición de Alexander von Humboldt, pasó a Berlín y en 1831 se casó con una hermana del compositor Felix Mendelssohn.

A la muerte de Gauss, en 1855, le ofrecieron la cátedra de Gotinga. En 1858, dando una conferencia en Montreaux (Suiza) le dio un ataque al corazón. Regresó a Gotinga y allí recibió la noticia de la muerte de su esposa debido a una apoplejía. No se recuperó y murió algo después, con solo 54 años. Se le considera el iniciador de la teoría analítica de números. Se interesó por varios problemas de la mecánica además de la teoría del potencial, la hidromecánica y la estabilidad del sistema solar. Fue un excelente expositor, aunque era modesto y muy reservado. Es considerado el iniciador de la edad de oro de las matemáticas en Prusia.

mos y mínimos en dicho intervalo. Sin embargo, la hipótesis de continuidad sobre la función tiene como único objetivo garantizar la integrabilidad, en el sentido definido por Cauchy, de los integrandos $f(x)\cos mx$ y $f(x)\,\mathrm{sen}\,mx$ que aparecen en las fórmulas de los coeficientes de Fourier. Por esta razón, Dirichlet estaba convencido de que su resultado era válido para funciones más generales, sólo se necesitaba una definición de integral adecuada para las funciones discontinuas. Incluso dejó constancia de su confianza en la posibilidad de definir la integral para funciones f con un conjunto infinito de puntos de discontinuidad que fuera *pequeño*. Para Dirichlet, un conjunto de discontinuidades era *pequeño* si *cualesquiera sean los números* $a < b$ *existen* r *y* s *tales que* $a < r < s < b$, *de modo que* f *es continua en el intervalo* $[r, s]$ (en terminología actual esto significa que el conjunto de los puntos de discontinuidad sea *diseminado*). Con el objetivo de mostrar que no todas las funciones imaginables satisfacen esta condición, presenta su famoso ejemplo de una función que toma un valor constante c en los puntos racionales de un intervalo y otro valor distinto d en los irracionales, señalando que esta función *no podría sustituirse* en la integral.

Este ejemplo ilustrativo indica que Dirichlet poseía una noción muy amplia de función. En 1837 expondrá estas ideas de forma más precisa cuando escribe:

> *"Designemos por a y b dos valores fijos y por x una magnitud variable, situada entre a y b. Si a todo x corresponde un valor finito $y = f(x)$ que varía de manera continua cuando x varía también de manera continua de a a b, diremos que y es una función continua para este intervalo. Aquí no es en absoluto necesario que y se exprese en función de x según una misma ley sobre todo el intervalo; no es necesario incluso que se posea una expresión algebraica explícita entre x e y".*

Esta será la *definición de función* debida a Dirichlet, que será difundida y popularizada, modificada, por su admirador **Hermann Hankel** (1839-1873) en un ensayo histórico sobre el tema publicado en 1870. La definición que Hankel atribuye a Dirichlet es la siguiente:

> *"Se dice que y es función de x si a cada valor de x de un cierto intervalo corresponde un valor bien definido de y, pero sin que esto exija que y sea definida sobre todo el intervalo por la misma ley en función de x, ni tampoco que y sea definida por una expresión matemática explícita de x".*[10]

El alumno de Dirichlet, **Bernhard Riemann**, será quien desarrolle las ideas de su maestro y dé un paso decisivo en la refinación del concepto función. Este avance dado por el joven Riemann convirtió en ineludible la necesidad del estudio de las funciones discontinuas.

En 1854 escribió, para las pruebas de habilitación de la Universidad de Gotinga, la memoria *Sobre la posibilidad de representar una función por serie trigonométrica*, que Riemann divide en dos partes. En la primera realiza un

---

(10) Nótese que la definición de Hankel se refiere a una función cualquiera, mientras que Dirichlet trata solo con funciones continuas. Unos años antes del trabajo de Dirichlet, **Lobachevski** (1792-1856) había expresado una definición semejante, también para funciones continuas.

recuento histórico de la vieja polémica acerca de la representación por serie trigonométrica de una función arbitraria. En la segunda parte su objetivo es someter *"la representación de una función por serie trigonométrica a un examen que abarca los casos que no han sido tratados hasta ahora"*. Y aclara: *"Ha sido necesario hacer preceder este estudio de una corta Nota sobre la noción de integral definida, y sobre el dominio en el que esta noción es aplicable"*.

Más adelante Riemann afirma que los casos no tratados por Dirichlet no se encuentran en la naturaleza y por esa razón se siente en el deber de justificar la generalidad que pretende en su trabajo. Para ello afirma que este asunto está íntimamente ligado con los principios del cálculo infinitesimal y puede servir para dar a los mismos mayor claridad y precisión. Además, la aplicación de las series de Fourier no se limita únicamente a las investigaciones físicas, pues también se emplean con éxito en una rama de las matemáticas puras: la teoría de números.

Para que una función f pueda ser representada mediante una serie de Fourier es necesario determinar sus coeficientes, esto es, tienen que tener sentido las integrales

$$\int_0^{2\pi} f(x) \cos x dx$$

y

$$\int_0^{2\pi} f(x) \operatorname{sen} x dx.$$

Por esta razón, en la *Nota sobre la noción de integral definida*, Riemann se propone la pregunta general: ¿qué debe entenderse por

$$\int_a^b f(x)dx?$$

Aunque las sumas utilizadas por Riemann en su definición de integral son semejantes a las de Cauchy, los principios metodológicos que lo guían son completamente diferentes. Cauchy parte de una función f continua, demuestra que el límite de las *sumas integrales* existe, y a ese valor lo toma como la integral de la función f. Por su parte, Riemann considera una función arbitraria f e indica qué debe entenderse por integral de f. Este enfoque del concepto de integral lo conduce inevitablemente a la pregunta: ¿cuáles son las funciones que tienen integral? O, dicho de forma equivalente, ¿cuáles son las funciones cuyas *sumas integrales* tienen un límite finito único?

RIEMANN

Georg Friedrich Bernhard Riemann (1826-1866) nació en un pequeño pueblo cerca de Hannover, hijo de un pastor protestante de pocos recursos. Desde temprana edad se aficionó a las matemáticas y leyó obras de Euler, Legendre y otros matemáticos. En 1846 ingresó en la Universidad de Gotinga, donde fue alumno de Gauss. Entre 1847 y 1849 estuvo en Berlín donde asistió a las clases de Dirichlet y Jacobi. Después regresó a Gotinga y se interesó por las relaciones de las matemáticas con el mundo físico.

Su tesis doctoral (1851) es un ensayo fundamental sobre la teoría de funciones complejas.

En 1854 se presentó a las pruebas para obtener la habilitación en la Universidad de Gotinga con una brillante tesis sobre representación de funciones mediante series trigonométricas y una conferencia magistral sobre los fundamentos de la geometría, ambas plenas de ideas renovadoras. Fue el sucesor de Dirichlet como catedrático de matemáticas en Gotinga. Por sus resultados en teoría de fluidos recibió sendos premios de las Academias de París y de Londres. Sus trabajos sobre geometría diferencial abrieron el camino hacia la teoría general de la relatividad. Enfermó de tuberculosis y murió prematuramente, dejando una herencia científica de pocas publicaciones, pero repletas de ideas y problemas abiertos que todavía continúan estimulando a los investigadores.

Para responder a esta interrogante Riemann enuncia dos criterios de integrabilidad que expresa mediante el control del número de *variaciones bruscas* de la función y, consecuentemente, de la *cantidad* de puntos de discontinuidad que puede tener una función integrable (ver detalles, por ejemplo, en *De los Bernoulli a los Bourbaki. Una historia del arte y la ciencia del cálculo.* Editorial Nivola. Madrid).

Riemann quiere mostrar la generalidad de su definición y para ello propone un ejemplo de una función f que aunque es discontinua en todos los puntos racionales de la forma $x = (2k+1)/2n$ es integrable en un intervalo finito cualquiera. Para tal función integrable según Riemann, el conjunto de los puntos de discontinuidad de f no sólo es infinito, sino que, además, es denso en cualquier intervalo.

Con la integral de Riemann las matemáticas entran en el mundo de las funciones discontinuas y en él encuentran muchos hechos inusitados y asombrosos. Pero la entrada a este mundo fascinante se mantuvo cerrada hasta la publicación póstuma de la memoria de Riemann, en 1867 en alemán y su traducción al francés en 1873.

Motivado por el trabajo de Riemann, el francés **Gastón Darboux** (1842-1917) publica en 1875 su *Memoria sobre la teoría de las funciones discontinuas,* un trabajo de más de 60 páginas dedicado a una clase de funciones a las cuales 30 años antes ningún matemático prestaba la menor atención. La memoria de Darboux comienza con la afirmación:

> *"Hasta la aparición de la Memoria de Riemann sobre las series trigonométricas no se había presentado ninguna duda sobre la existencia de la derivada de las funciones continuas [...] La publicación de la Memoria de Riemann ha decidido la cuestión en sentido contrario [...]"*

Todavía medio siglo después de la definición de continuidad de Cauchy y Bolzano, la mayoría de los matemáticos pensaban que toda función continua poseía derivada en todas partes, con excepción quizás de algunos puntos aislados, y fueron varios los que pretendieron haber demostrado esta afirmación. Sin embargo, ya en 1834 Bolzano había concebido un ejemplo de una función continua sin derivada finita en ningún punto. Este trabajo tardó casi un siglo en ser publicado (exactamente en 1930) y no fue divulgado entre sus contemporáneos; sin embargo, tiene la ventaja de estar basado en una construcción geométrica sencilla; veamos cómo construyó Bolzano su función.

En primer lugar considera un segmento de recta que une dos puntos (a, A) y (b, B) y que denota por $y_1(x)$. Entonces $y_2(x)$ es la poligonal que une consecutivamente los puntos:

$$(a,\ A)$$

$$(a+3/8(b-a),\ A+5/8(B-A))$$

$$(1/2(a+b),\ 1/2(A+B))$$

$$(a+7/8(b-a),\ A+9/8(B-A))$$

$$(b,\ B)$$

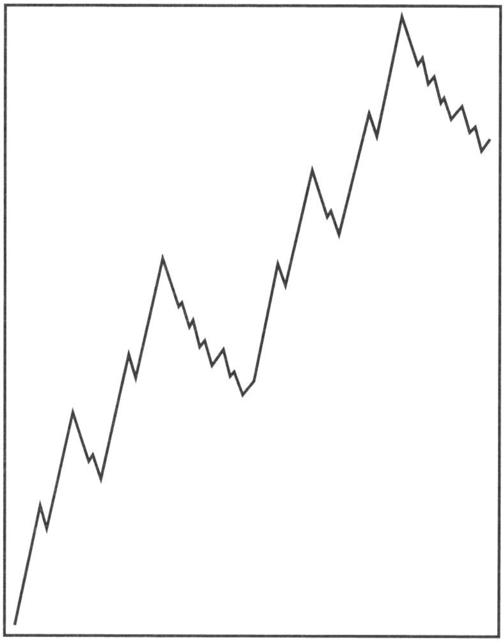

Fig. 46

Este proceso de sustituir cada segmento de recta por la unión de cuatro segmentos consecutivos lo repite con cada uno de los segmentos que forman $y_2(x)$ para así obtener $y_3(x)$. De esta forma iterativa construye poligonales sucesivas $y_n(x)$ que en el límite proporcionan la función deseada. En la Fig. 46 se muestra $y_4(x)$. Observemos que todas las funciones $y_n(x)$ son continuas y cada vez tienen más *puntos angulosos*, es decir, puntos donde la derivada no existe. Bolzano asume que la función límite de estas funciones continuas es también continua (lo cual en este caso es cierto, aunque, en general, no lo es) y demuestra que la función límite carece de derivada en un conjunto de puntos denso en el intervalo[11].

Como el ejemplo de Bolzano era desconocido, serán varios los matemáticos que darán ejemplos de funciones continuas que carecen de derivadas en todo su dominio o en un subconjunto denso del mismo.

Darboux, en la monografía mencionada antes, expone numerosos ejemplos de este tipo de funciones, e incluso da métodos generales para construirlos. El primer ejemplo que presenta es la función

(11) Más tarde se probó que la función de Bolzano no tiene derivada en ningún punto.

WEIERSTRASS

Karl Theodor Wilhelm Weierstrass (1815-1897) comenzó, pero no concluyó, estudios de derecho en la Universidad de Bonn, pues la lectura de los trabajos de Jacobi inclinó sus intereses por la teoría de las funciones elípticas. Estudió con Gudermann de 1839 al 41 y fue profesor de secundaria durante quince años, así que pasó los años más fructíferos prácticamente aislado de centros universitarios. No obstante, se sabe que entre 1841 y 1855 desarrolló sus ideas sobre la teoría de funciones y en 1854 publicó su primer artículo importante. Ese mismo año la Universidad de Königsberg le nombró doctor honorífico y obtuvo una beca para organizar sus resultados. Será con 49 años cuando es nombrado profesor titular en la Universidad de Berlín, donde durante más de 30 años, ante un auditorio cada vez más amplio y más internacional, dictará sus cursos sobre teoría de funciones hasta su muerte a los 82 años.

Las notas de sus clases son muy importantes porque Weierstrass siempre sintió pavor por publicar. Se dice que en sus clases construía meticulosa y metódicamente toda una teoría sin citar a ningún autor y con una coherencia como si estuviera copiando un texto.

Sus investigaciones estuvieron centradas en la teoría de funciones analíticas, pero hizo incursiones en campos como el cálculo de variaciones, la geometría diferencial y el álgebra lineal. Junto con Kummer creó el seminario de matemáticas puras, que dio prestigio a la Universidad de Berlín. Fue miembro de las Academias de Ciencias de Berlín (1856), San Petersburgo (1864) y París (1868).

$$F(x) = \int_a^x f(t)\,dt,$$

donde $f(x)$ es la función de Riemann. Al estar dada por una integral, la función $F(x)$ es continua, pero sus derivadas laterales en los puntos de la forma $x = (2k+1)/2n$ son diferentes. Así que esta función no tiene derivada en un conjunto de puntos densos en todo intervalo del dominio.

Sin embargo el ejemplo que más atrajo la atención de la comunidad matemática fue la función debida al profesor alemán **Karl Weierstrass**. La expresión analítica de esta función es:

$$f(x) = \sum_{n=0}^{\infty} b^n \cos(a^n \pi x) \qquad (*)$$

donde a es un entero impar y b una constante menor que 1 tal que $ab > 1+3\pi/2$. Por ejemplo, si a es 9 entonces b puede tomarse como 2/3 y

$$f(x) = \sum_{n=0}^{\infty} \left(\frac{2}{3}\right)^n \cos(9^n \pi x).$$

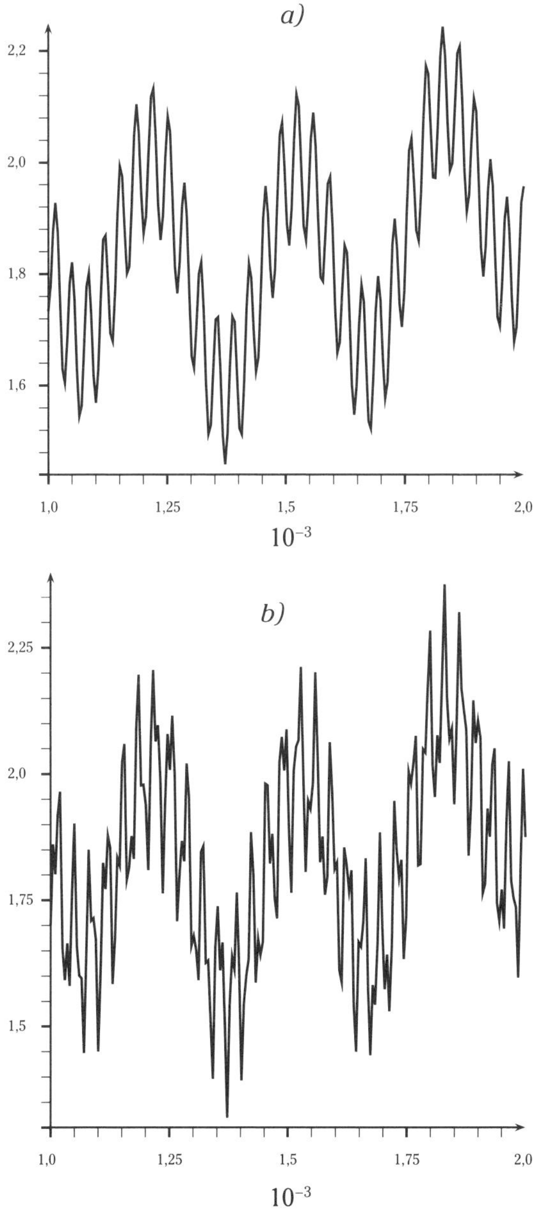

Fig. 47

Weierstrass demuestra que esta función es continua y no tiene derivada en ningún punto. La demostración de estos hechos es un verdadero reto matemático, pero las herramientas computacionales actuales nos permiten ilustrar la situación. En la Fig. 47(a) aparece, para el caso $a = 9$, $b = 2/3$, el gráfico de la suma parcial de orden 5 de la serie (*) en el intervalo [0,001; 0,002]. En la Fig. 47(b) se ha representado, para este mismo intervalo, la suma parcial de orden 6.

La significación histórica del descubrimiento de que la continuidad en un intervalo no implica la diferenciabilidad en casi todos los puntos y de que las funciones pueden tener todo tipo de comportamiento anormal fue importante. Los ejemplos de Riemann, Darboux y Weierstrass fueron retomados y reanalizados, se generalizaron y se idearon otros. La nueva luz arrojada sobre las funciones discontinuas o continuas sin derivadas provocó que los matemáticos se dieran cuenta de que el estudio riguroso de las funciones no se limita a aquellas que se usan en el cálculo y en las ramas tradicionales del análisis, donde el requerimiento de la diferenciabilidad restringe generalmente la clase de funciones tratadas.

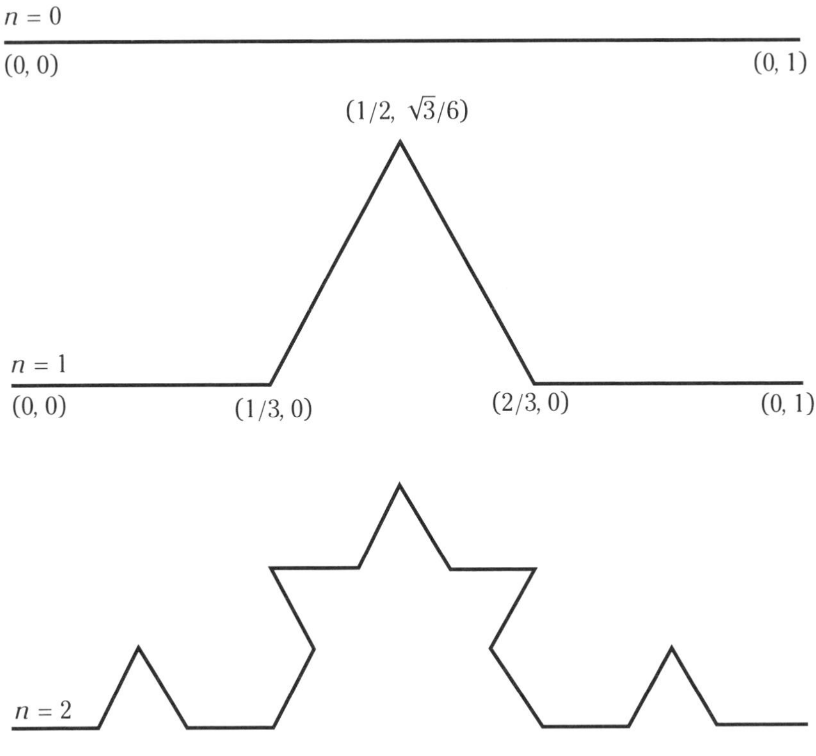

Fig. 48

Fig. 49

Los ejemplos de funciones continuas sin derivadas que los matemáticos poseían a fines del siglo XIX estaban dadas mediante desarrollos en series (recordemos que la función de Bolzano solo se publicó en 1930). Este hecho dificultaba enormemente la visualización intuitivo-geométrica de estas funciones y actuaba negativamente en su aceptación. Será en 1904 cuando **Helge von Koch** (1870-1924) exponga un ejemplo de una curva continua sin tangente obtenida por medio de una construcción geométrica elemental y asociada a ella, una *función monstruosa,* pero a la vez bonita. La construcción de la curva es bastante parecida a la desarrollada por Bolzano y se ilustra en las figuras 48 y 49. En la Fig. 48 se muestran las tres primeras etapas y en la Fig. 49 una aproximación de la curva para la etapa $n = 5$. En definitiva, en la etapa $n+1$ se reemplaza cada segmento de recta de la etapa n por 4 segmentos más pequeños, de forma semejante a como se pasa de la etapa 0 a la 1. La curva de Von Koch es la curva límite de esta construcción.

En este mismo trabajo Von Koch propone una modificación del proceso de construcción de manera que en cada etapa, y por consecuencia en el límite, la curva obtenida sea efectivamente el gráfico de una función continua que no es diferenciable en ningún punto de su dominio.

Las funciones y las curvas con comportamiento extraordinario fueron, poco a poco, haciéndose más ordinarias. Desconcertaban al intelecto modelado según cánones clásicos, pero, a su vez, estimulaban la generación de nuevas concepciones alrededor de los objetos asociados.

Pero no siempre existió unanimidad dentro de la comunidad matemática sobre la aceptación de estos nuevos entes. Sobre todo en Francia, varias personalidades relevantes expresaron sus reservas a finales del siglo XIX. Así, el catedrático de análisis en la Sorbona, **Charles Hermite** (1822-1901), se expresa en una carta a Stieltjes fechada en mayo de 1893:

> *"Me aparto con miedo y horror de esta lamentable plaga de funciones que no tienen derivadas".*

El también profesor de la Facultad de Ciencias de París, el académico enciclopedista **Henri Poincaré** (1854-1912), sería más explícito en la expresión de la causa de sus temores y en 1899 comenta:

> *"La lógica a veces crea monstruos. Durante medio siglo, hemos visto una masa de funciones extrañas que están forzadas a parecerse tan poco como sea posible a las funciones dignas que sirven a algún propósito. [...]*
>
> *En épocas pasadas, cuando uno inventaba una nueva función era con un propósito práctico; hoy, uno las inventa con el propósito de mostrar defectos en los razonamientos de nuestros padres y solo eso se deducirá de ellas".*

En esencia las reservas se basaban en que tales sutiles indagaciones, no obstante su fundamento lógico, podían, en última instancia, apartar el análisis de la geometría, y consecuentemente, de la intuición y el pensamiento físico que siempre lo habían acompañado. Esta circunspección en el análisis fue variando a medida que la geometría y la física mostraron estar vinculadas con el asunto.

Ya a principios del siglo XIX los físicos habían llamado la atención sobre el movimiento aparentemente desordenado que animaba a una partícula microscópica sumergida en un cierto fluido viscoso, el denominado *movimiento browniano*. Con el perfeccionamiento de los instrumentos ópticos y la penetración, cada vez más intensa, de los métodos matemáticos en la física, pudo constatarse que el mejor modelo matemático para describir la trayectoria del movimiento browniano era una curva continua, pero sin tangente en ningún punto... *¡un monstruo útil!*

Más tarde, en la segunda mitad del siglo XX, se confirmó que estamos rodeados de objetos cuya forma más realista de describirlos no es a través de curvas o superficies *suaves* que poseen rectas o planos tangentes en cada punto, sino todo lo contrario, a través de entes quebrados y muy angulosos, llamados *fractales*. Esto motivó el surgimiento de una nueva disciplina matemática, la *geometría fractal*, con una base matemática muy sólida y cuyo desarrollo ha sido estimulado fuertemente por el avance de los medios computacionales. Por ejemplo, se ha establecido que los fractales son una buena forma de describir el perfil de las costas, y éstas se han podido clasificar de acuerdo a la denominada *dimensión fractal*, número que permite *medir* su grado de accidentalidad geográfica. Además, una ojeada a la Fig. 50 basta para convencernos que los fractales pueden dar lugar a verdaderas obras de arte.

¡Así pues, los *monstruos* se metamorfosearon en *bonitos fractales*!

Fig. 50

Ejercicios

Ejercicio 9.1

Comprueba que la función Φ es discontinua en todo punto de $[-1, 1]$, pero que toma cualquier valor comprendido entre -1 y 1.

Ejercicio 9.2

a) Prueba que las derivadas sucesivas de la función:

$$g(x) = \begin{cases} e^{-(1/x)^2}, & x \neq 0 \\ 0 & x = 0 \end{cases}$$

cumplen que $g'(0) = g''(0) = g'''(0) = \cdots = 0$.

b) Escribe la serie de Taylor para la función

$$f(x) = e^{-x^2} + e^{-(1/x^2)}$$

y comprueba el resultado de Cauchy referente a que ella converge a e^{-x^2} y no a $f(x)$.

Y LA HISTORIA CONTINÚA...
(c. 1870-c. 1970)

"[...] la definición lógica de función excede la definición estrictamente matemática".

Nikolai Luzin (1883-1950)

Llegamos al siglo XX y en diferentes textos didácticos sobre análisis matemático podemos encontrar todavía la vieja idea de identificar las funciones con las expresiones analíticas sin hacer referencia a correspondencias arbitrarias entre conjuntos abstractos. Realmente para el análisis matemático y su concepción moderna de teoría de funciones, continúa siendo suficiente asociar este concepto al de expresión analítica. Pero ¿debemos entender por *expresión analítica* de una función lo mismo que en el siglo XIX?, ¿cuáles son efectivamente las *funciones arbitrarias?* y ¿cuáles las *funciones auténticas,* aquellas que están cualificadas para su uso en el análisis matemático como se concibe en el siglo XX? Y ¿qué definición de función necesitan otras ramas de la matemática como el álgebra o la lógica matemática? En este último capítulo nos esforzaremos por aclarar, de la manera más simple e informal, qué ocurrió con la idea de representación analítica en el siglo XX, y por otra parte señalaremos las amplias definiciones abstractas y generalizadas del concepto de función entre conjuntos arbitrarios, no necesariamente, numéricos que surgieron en esta época reciente.

Los conceptos *función arbitraria* y *representación analítica*

Ante todo, maticemos que la noción de *comportamiento arbitrario* para las funciones es propia de cada época y está íntimamente relacionada con los tipos de ejemplos que poseen las diferentes generaciones de matemáticos.

Ni Euler ni Lagrange ni Fourier conocieron ejemplos de funciones discontinuas como la función de Dirichlet, por lo que la noción de correspondencia arbitraria para ellos no podía ser tan general como para Dirichlet y sus contemporáneos. Por su parte, ni Dirichlet ni Riemann ni siquiera el legislador de las matemáticas, Karl Weierstrass, no obstante su predilección por el rigor y su hallazgo de funciones patológicas (ver el capítulo anterior), podían imaginarse relaciones funcionales tales como las que se introdujeron en el siglo XX.

A medida que el tiempo transcurría la clasificación de funciones se ampliaba y sufría cambios esenciales, y con ella se precisaban las ideas sobre la *arbitrariedad* y la *autenticidad* de una relación funcional. Las expresiones analíticas, compuestas por medio de operaciones de cálculo relativamente sencillas, que fueron casi el único objeto de estudio durante aproximadamente 200 años, no perdieron su importancia, pero apareció la necesidad de estudiar tipos de funciones cuya definición no era dada a través de fórmulas, sino descriptivamente, por medio de una u otra propiedad característica: *funciones absolutamente integrables*, *de variación acotada*, *medibles*, etc. De esta forma el análisis clásico se fue transformando en teoría de funciones.

Nikolai Nikolaievich Luzin (1883-1950) en su tesis de grado, “Integral y series trigonométricas”, publicada en 1915 expresa:

> *“La principal diferencia en el método de estudio de las funciones en el análisis y en la teoría de funciones consiste en que el análisis clásico extrae las propiedades de las funciones de las cualidades de aquellas expresiones analíticas y fórmulas que las definen, mientras que la teoría de funciones de variable real deduce las propiedades de las funciones de la cualidad que a priori caracteriza la clase de funciones considerada”.*

Para que Luzin pudiera expresarse de tal forma tenían que haber madurado las ideas que se debatieron en las postrimerías del siglo XIX, y principalmente en la escuela francesa, que dio a luz sustanciales trabajos. Tres textos, publicados en el mismo año 1905, sobre la representación de funciones y las funciones *auténticas* del análisis resumieron las ideas que resultaron decisivas para la intelección del concepto función. De estas obras, escritas por los matemáticos **Émile Borel**, **René Baire** y **Henri Lebesgue,** se extraen las siguientes ideas en relación al tema de nuestro interés:

- **Émile Borel** y sus *Lecciones sobre las funciones de variables reales y los desarrollos en series de polinomios.* Aquí Borel demuestra una caracterización completa de las funciones que pueden ser aproximadas por series de polinomios, tanto de una como de varias variables reales. Esto signifi-

Émile Borel

ca que quedaron completamente determinadas las funciones límites de polinomios, fueran continuas o discontinuas. Pero, según probó Weierstrass, toda función continua es límite uniforme de polinomios, luego Borel deja determinadas todas las funciones que son expresables por límites de funciones continuas. Sin embargo, ¿no serán *auténticas* también las funciones que son límite de funciones discontinuas? A responder esto y algunas otras cuestiones relacionadas se dedica Baire.

René Baire

René Baire hace en sus *Lecciones sobre las funciones discontinuas* una clasificación de las *funciones auténticas* del análisis. En la clase básica 0 coloca todas las funciones continuas. En la clase 1 estarán todas aquellas funciones que son límites de funciones continuas y no son continuas, por ejemplo, la función discontinua que Fourier descompuso en serie de funciones trigonométricas (ver Cap. 8). En la clase 2 Baire coloca a todas las funciones discontinuas que son límite de funciones continuas y de funciones discontinuas de clase 1 y que no pertenecen a la clase 1. Pone como ejemplo la función de Dirichlet $D(x)$ que vale 0 sobre los racionales y vale 1 sobre los irracionales (ver Cap. 9).

En efecto, la función de Dirichlet se puede expresar analíticamente por:

$$D(x) = \lim_{n\to\infty}\left\{\lim_{m\to\infty}\ [\cos(n!\,\pi x)]^{2m}\right\}$$

Enseguida se introducen, por recurrencia, las funciones de clase n:

> *"Una función será de clase n si es el límite de una sucesión de funciones que pertenecen a las clases* $0, 1, 2, \ldots, n-1$, *y si ella no pertenece a ninguna de estas clases".*

Este proceso se continúa no solo hasta el infinito, sino también utilizando los números transfinitos de Cantor. Baire denota con la letra E a la familia de todas las funciones que se obtienen en este proceso transfinito. La importancia del conjunto E reside fundamentalmente en su estabilidad ante la operación de paso al límite, operación fundamental en el análisis matemático:

> *"Si una sucesión de funciones que pertenecen al conjunto E tiene una función límite, esta función límite pertenece también al conjunto E".*

Este es uno de los primeros teoremas de índole topológica de una familia de funciones. Baire prueba que la potencia del conjunto E es la del continuo, es decir, existe una aplicación biyectiva entre E y el conjunto de los números reales $\mathbb{R}$. Como la potencia del conjunto de todas las funciones es estrictamente mayor que el continuo, esto quiere decir que el conjunto E, aunque es mucho mayor que el conjunto de todas las funciones continuas, no es más que una clase particular de funciones. Baire enuncia inmediatamente una condición necesaria que deben cumplir las funciones para pertenecer a E, pero no logra encontrar ninguna condición necesaria y suficiente. Solo caracteriza totalmente a las funciones de clase 1. No expondremos los teoremas correspondientes, pero digamos junto con Baire que en la clase 1 están las funciones discontinuas que son semicontinuas[12] (concepto introducido por el mismo Baire en 1897), las funciones monótonas y más generalmente, las de variación acotada[13] que siempre pueden expresarse como diferencia de dos funciones monótonas y, también, las discontinuas que son funciones derivadas de funciones continuas. Ahora, si consideramos que son las funciones de E aquellas que debemos considerar como representables analíticamente ¿están en E todas las *funciones auténticas* del análisis? A este tema dedica Lebesgue su artículo de 1905.

---

(12) Una función f se dice que es *semicontinua superiormente* en a si

$$\overline{\lim_{x\to a}} f(x) \leq f(a),$$

análogamente se define *semicontinua inferiormente*. Una función se dice *semicontinua* en a si es *semicontinua superiormente* o *inferiormente*

(13) Una función f se dice de *variación acotada* en $[a,b]$ si existe una constante $M > 0$, tal que cualesquiera que sean los puntos $a = x_0 < x_1 < \cdots < x_{n-1} < x_n = b$, se cumple

$$\sum_{i=1}^{n} \left|f(x_i) - f(x_{i-1})\right| < M.$$

Henri Lebesgue

Henri Lebesgue precisa en su ensayo *Sobre las funciones representables analíticamente* lo que entiende por *funciones medibles*, un nuevo tipo de funciones imprescindibles en la teoría de integración que había introducido en su célebre tesis de doctorado *Integral, longitud y área* (1902). Seguidamente, demuestra una relación biyectiva entre E, conjunto de las *funciones de Baire*, y una clase particular B de *funciones medibles* que llama *borelianas* por estar emparentadas con ciertos conjuntos estudiados por Borel. Además, con maestría singular construye una función medible, no boreliana, que no es de la familia E. Prueba de esta forma la existencia de *funciones auténticas* del análisis que no son representables analíticamente.

Con el artículo de Lebesgue se consigue esclarecer que las *funciones auténticas* del análisis no son solamente las funciones *representables analíticamente* en el sentido de Baire, no obstante quedan abiertas otras interrogantes.

Según el historiador Pierre Dugac, en *Notas y documentos sobre la vida y la obra de René Baire* (1976), el verdadero continuador de los trabajos de Baire fue **Nikolai Luzin,** quien se propuso ampliar las investigaciones de Baire, detenidas en el estudio de las funciones de clase 3. En la tesis de Luzin, publicada en 1915, la obra de Baire es considerada como un cambio de sentido, pues antes de Baire el problema principal era: "*dada una propiedad estructural de una función encontrar una representación analítica de esta función*"; con Baire lo primordial es "*dada una clase de representaciones analíticas encontrar una propiedad estructural que caracterice esta clase*".

Unos años antes, en 1912, Luzin había probado su famoso teorema, que en cierta forma nos dice cuán cerca están las *funciones medibles según Lebesgue* de las funciones continuas:

> "*Para que una función sea medible es necesario y suficiente que para todo $\varepsilon > 0$ exista una función continua tal que el conjunto de puntos donde difieran sea de medida menor que ε*".

con este teorema formaliza algunas de las ideas principales antes planteadas por Borel, Baire y Lebesgue.

BOREL, BAIRE Y LEBESGUE

Émile Borel (1871-1956), René Baire (1874-1932) y Henri Lebesgue (1875-1941) finalizaron sus estudios en la Escuela Normal de París bajo la influencia de los mejores profesores del momento. Y los tres dieron clases en diferentes institutos de secundaria y universidades de Francia. Por la importancia de sus trabajos se les considera los fundadores de la teoría de funciones de variable real. El más prolífico y versátil fue Borel, que publicó más de trescientos títulos y creó la colección de "Monografías sobre la teoría de funciones", que brindó un significativo impulso a esta rama. Lebesgue, además de escribir más de 50 artículos, publicó dos libros esenciales: *Lecciones sobre la integración y la investigación de las funciones primitivas* (1904) y *Lecciones sobre las series trigonométricas* (1906). La vida y la obra de Baire fue más breve, aunque no menos importante. Baire introdujo uno de los criterios de existencia más usados en el análisis moderno.

Los trabajos de estos tres grandes analistas, los nuevos conceptos que introdujeron y su metodología teórico-conjuntista sirvieron para la transformación decisiva del análisis clásico en teoría de funciones y análisis funcional. Mientras que Baire se consagraba a la teoría de funciones reales como única línea de investigación, pues su enfermedad psíquica no le permitió más, Borel y Lebesgue realizaban también contribuciones importantes en otras ramas de las matemáticas. Posiblemente no llevaron más lejos las teorías por ellos desarrolladas debido a su temor a las generalizaciones excesivas. A este respecto Lebesgue comentó en una ocasión: "*Reducida a teorías generales, la matemática tendría una forma hermosa, pero sin contenido. Moriría rápidamente*".

Luzin construyó funciones con la propiedad necesaria que había encontrado Baire y que no pertenecían a ninguna de las clases de E: primero en 1914 y en 1921, utilizando los principios transfinitos, que eran muy criticados por la comunidad matemática de entonces, hasta que finalmente en 1928 encontró un ejemplo *efectivo* sin el uso de ninguno de los principios transfinitos, solo con métodos constructivos clásicos.

Pero ¿existen *efectivamente* funciones en todas las clases de Baire? Como dijimos antes, en 1905 ya se conocían ejemplos de las dos primeras clases de funciones discontinuas. En 1906 el mismo Baire dio un ejemplo *efectivo* de la 3ª clase y **Liudmila Keldish** (1904-1976), alumna de Luzin, da un ejemplo

LUZIN

Nikolai Nikolaievich Luzin (1883-1950) nació en Irkutsk, al sur de la Siberia rusa. En 1901 la familia se trasladó a Moscú y Luzin ingresó la Facultad de Física y Matemática con la idea de formarse para ser ingeniero. En 1906 estuvo en París seis meses. A su regreso a Rusia comenzó a estudiar medicina y teología, además de matemáticas. En 1909 decidió dedicarse por entero a las matemáticas. En 1910 fue aceptado como asistente en la Universidad de Moscú y consiguió un viaje de estudios por 4 años a Gotinga. Antes de regresar a Rusia estuvo algunos meses en París. Su tesis de maestría (1915) fue calificada como excelente y aceptada para el grado de doctor. En 1917 fue aceptado como profesor titular en la Universidad de Moscú. Realizó junto a Dimitri Egórov (1869-1931), que había sido su maestro, una labor impresionante en la creación de una escuela moscovita de teoría de funciones. En 1927 fue elegido miembro de la Academia de Ciencias de la URSS, donde trabajó en diferentes responsabilidades. Tenía un extraordinario talento pedagógico y conseguía estimular la investigación matemática. Fue uno de los sobresalientes matemáticos rusos que crearon las bases para la formación de una potente escuela soviética de matemáticas que brilló sobre todo entre 1930 y 1980.

efectivo de la 4ª clase de Baire en 1930. Quince años más tarde, en 1945, Keldish muestra un procedimiento aritmético (finito) para construir un ejemplo en todas las clases, dando por cerrado este problema.

Resultan sumamente atractivos, por ser tan simples como elegantes, otros dos resultados que fueron encontrados por la potente escuela polaca con ideas de la escuela rusa y con el uso de las herramientas introducidas por René Baire. Por razones obvias, no nos extendemos en este tema, apuntamos solo que los matemáticos polacos mostraron que en la familia de todas las funciones continuas definidas sobre un intervalo $[a, b]$ la parte de esta numerosa familia que no posee derivada finita es significativamente grande, mientras que el conjunto de las funciones que no tienen algún tipo de derivada sea derivada por la derecha, o por la izquierda, finita o infinita, es sumamente pequeño. ¡Cuán diverso y singular es el universo de las funciones!

Abstracción del concepto función

Con el surgimiento de la teoría de conjuntos en la década de los 70 del siglo XIX se abrió la posibilidad de expresar la relación funcional entre dos conjuntos abstractos no necesariamente numéricos. La primera formulación clara de tal noción abstracta de función fue dada, aparentemente, por **Richard Dedekind** en 1887 en una breve monografía que se ha traducido a múltiples idiomas y que en español se titula: *¿Qué son y para qué sirven los números?* Dedekind llama *System* (sistema) a lo que hoy llamamos conjunto, a la función la denomina *Abbildung* (representación) y precisa:

> *"Por una representación ϕ de un sistema dado entendemos a una ley, de acuerdo a la cual a cada elemento determinado s del sistema se le asocia un determinado objeto que se denomina imagen de s y se denota por el símbolo $\phi(s)$; es posible decir que $\phi(s)$ corresponde al elemento s, o que $\phi(s)$ se obtiene de s por medio de la representación, o que s es transformado en $\phi(s)$ por la representación ϕ".*

Nos parece interesante señalar que mucho antes, en 1871, Dedekind había estudiado representaciones entre estructuras algebraicas, aunque en estos trabajos prematuros no formuló con precisión el concepto representación. En definitiva, aunque no desarrollemos aquí esta historia, es del consenso de los especialistas que la necesidad de una definición abstracta del concepto función aparece primero en el álgebra y no como una consecuencia directa del desarrollo de las ideas en el análisis infinitesimal.

El mismo Georg Cantor, creador de la teoría de conjuntos, no se vio precisado a dar una definición abstracta de función en sus primeras investigaciones de la década del 70, ya que trabajaba en general con subconjuntos numéricos del espacio euclidiano y no es hasta su monografía de 1895-1897 sobre los conjuntos transfinitos cuando necesitó de una definición abstracta de función, donde por cierto no cita a Dedekind, de quién seguramente había recibido la monografía mencionada, y con el que mantuvo un intercambio epistolar y magníficas relaciones durante muchos años.

Las definiciones de Dedekind y Cantor fueron criticadas por los rigoristas lógicos porque en ellas aparecían dos nociones indefinidas *conjunto* o sistema y *aplicación* o representación.

En 1911 **Giuseppe Peano,** en una nota "Sobre la definición de función" aparecida en las actas de la Academia Nacional de Ciencias italiana, trata de eliminar esta dificultad con una nueva definición donde la única noción primitiva indefinida es la de conjunto.

DEDEKIND

Richard Julius Wilhelm Dedekind (1831-1916) estudió en Gotinga, donde asistió a las clases de Dirichlet sobre teoría de números, teoría del potencial y ecuaciones diferenciales, y a las de Riemann sobre funciones elípticas y abelianas. Se dice que fue el último alumno de Gauss, quien le dirigió su tesis sobre la teoría de integrales eulerianas. Al graduarse continuó su trabajo en Gotinga del 54 al 58. Recomendado por Dirichlet, consiguió una plaza de profesor en el Politécnico de Zúrich, donde estuvo hasta 1862. En ese año se trasladó al Politécnico de Braunschweig, su ciudad natal, donde permanecería hasta su retiro en 1894. Sus principales investigaciones fueron en teoría algebraica de números y en los fundamentos aritméticos del análisis. Dedekind legó a las matemáticas no sólo importantes teoremas, ejemplos y conceptos, sino sobre todo un estilo que fue la inspiración de las generaciones que le sucedieron.

Para llegar a la definición abstracta de función, Peano define primero el *producto cartesiano* de conjuntos:

$$X \times Y = \{(x, y) : \ x \in X, y \in Y\}$$

después el de *relación* como un subconjunto determinado del producto cartesiano $R \subset X \times Y$ y entonces el de *función* como una relación especial:

> *"Si dos pares ordenados (x, y) y (x, z) con el mismo primer elemento están en la relación funcional f entonces necesariamente $y = z$".*

Esta definición abstracta se repite en varios textos y en particular en el primer fascículo de los *Elementos de matemática* que publica el grupo **Bourbaki** en 1939:

> *"Sean X y Y dos conjuntos, diferentes o no. Una relación entre una variable x de E y una variable y de F se dice relación funcional de E hacia F, si, cualquiera que sea x de E, existe un elemento y de F, y uno solo, que esté en la relación considerada con x.*

Se da el nombre de función a la operación que asocia así a todo elemento x de E el elemento y de F que se encuentra en la relación dada con x; se dice que y es el valor de la función para el elemento x, y que la función esta determinada por la relación funcional considerada".

Generalizaciones del concepto función en el análisis

No debe sacarse la conclusión que el análisis no necesita la idea de función en su formulación más profunda y amplia a la vez. Una de las primeras generalizaciones de la idea de función numérica es la *función de conjunto,* que aparece principalmente en la teoría de medida de conjuntos de puntos en la encrucijada de los siglos XIX y XX, y en los trabajos de analistas antes mencionados como Peano, Borel, Lebesgue y otros. Por ejemplo, Peano introduce en 1887 la diferenciación de una función que toma valores numéricos, pero definida en una familia de conjuntos. La obra de Peano es extendida por otros especialistas en teoría de funciones, aunque es precisamente Lebesgue en 1910 quien promueve un estudio sistemático de este tipo de funciones en su monografía "Sobre la integración de funciones discontinuas" aparecida en el *Anuario de la Escuela Normal Superior*. Debe apuntarse que con el enfoque teórico-conjuntista que **Andrei Kolmogórov** (1903-1987) le dio a la teoría de probabilidades, estas funciones se asentaron dentro de las aplicaciones a los fenómenos no deterministas de la naturaleza.

PEANO

Giuseppe Peano (1858-1932), matemático italiano y miembro de la Academia de Ciencias de Turín, terminó sus estudios en la Universidad de Turín en 1880 y desde entonces enseñó en ella. Sus investigaciones fundamentales están relacionadas con los fundamentos de las matemáticas, la lógica matemática y las geometrías no euclidianas. Precisó el concepto de número entero y formuló los axiomas para los números naturales. Dio un ejemplo de curva continua que llena completamente un cuadrado y que se conoce con su nombre.

Por otra parte, el análisis clásico no solo se transformó en teoría de funciones, sino que también dio lugar a otra rama, que surgió en el siglo XX como necesidad, sobre todo, de la modelación matemática de los fenómenos explicados por la emergente *mecánica cuántica*. Después de la introducción de los espacios euclidianos y los espacios normados de dimensión arbitraria (no solo de tres dimensiones como modelo del espacio físico, sino también con *n* grados de libertad como en muchos problemas de la mecánica racional y hasta con infinitas componentes como en los espacios de la mecánica cuántica) aparecieron los *operadores lineales* y los *funcionales* definidos sobre estos espacios. Más tarde el interés giró hacia los *problemas no lineales* y hoy también existe una sólida teoría de los operadores no lineales en franca relación con problemas de optimización y control de amplia difusión en diferentes campos.

Quizá una de las generalizaciones que más ha hecho por el intercambio con las ramas de la física moderna sea la *teoría de las distribuciones*. En cierta forma las *funciones generalizadas,* como también se les llama a estos entes matemáticos, respondieron a la necesidad de aceptar soluciones de ecuaciones diferenciales que no fueran *suaves*, como las que en el siglo XVIII Euler consideraba, sin preocuparse en absoluto por el rigor lógico (ver Cap. 8). Tales ideas, como suele suceder, estuvieron presentes anteriormente en muchos físicos, que las aplicaban por necesidad sin tener un fundamento matemático para hacerlo, como es el caso de **Paul Dirac** (1902-1984) el físico-matemático inglés que es considerado como uno de los fundadores de la mecánica cuántica. Y también en matemáticos más prudentes que consideraron las llamadas *soluciones generalizadas* en los problemas de ecuaciones en derivadas parciales, como lo hizo **Jacques Hadamard** (1865-1963).

Fue **Serguei Sobolev**, con sus estudios sobre las ecuaciones de onda (como la que dio origen a la polémica de la cuerda vibrante, ver Cap. 8) en la década de los años 30 del siglo XX, quién sistematizó el estudio de las *funciones generalizadas* y abrió las oportunidades prácticas a la teoría. Sin embargo, la obra que resultó significativa en el mundo occidental fue la de **Laurent Schwartz,** quién precisó los conceptos y con su *estilo bourbakista* le dio la estructura y el sabor abstracto que la colocó dentro de la disciplina general del análisis funcional.

Es interesante notar que ambos matemáticos, Sobolev y Schwartz, llegaron a las funciones generalizadas por vías totalmente diferentes, aunque uno y otro se pueden considerar herederos de los puntos de vista y los logros de Hadamard.

Sobolev hizo su primera ponencia pública en el segundo congreso de los matemáticos soviéticos el 29 de junio de 1934 con la conferencia "Soluciones

SOBOLEV

Sergei Lvovich Sobolev (1908-1989) finalizó sus estudios en la Universidad de San Petersburgo a los 21 años y con 24 era el miembro más joven de la Academia de Ciencias de la URSS. En 1929 entró como investigador en el Instituto Sismológico, donde se decantó su interés por las matemáticas aplicadas. Desde 1932 trabajó en el Instituto de Investigaciones Físico-matemáticas en San Petersburgo. Fue uno de los fundadores de la sede siberiana de la Academia de Ciencias de la URSS y sus trabajos principales fueron sobre ecuaciones de la física matemática, la matemática numérica y el análisis funcional. Son también importantes sus trabajos sobre la dinámica de los cuerpos sólidos y, junto a los físicos, colaboró en la creación de la bomba atómica soviética. En sus trabajos teóricos introdujo muchos nuevos conceptos como el de función generalizada.

generalizadas de la ecuación de ondas". Citemos un fragmento ilustrativo de su exposición:

> *"La clase de las funciones que se pueden considerar como soluciones de la ecuación de ondas desde el punto de vista clásico esta formada de funciones dos veces diferenciables. Pero en diversas aplicaciones prácticas parece cómodo considerar unas funciones que tienen singularidades de un tipo bien definido. Se introduce un espacio de funciones integrables en el sentido de Lebesgue en el cual se pueden definir las soluciones generalizadas de la ecuación de las ondas como límite de soluciones dos veces diferenciables. Con la ayuda de un criterio simple de integrabilidad, se da una condición necesaria y suficiente para que una función sea una solución generalizada, y se establece la relación entre las soluciones ordinarias y las soluciones generalizadas".*

Por su parte, Schwartz publicó en 1946 su artículo sobre "La generalización de la noción de función" donde expone sin demostraciones el nuevo lenguaje de las distribuciones. Fue en su tratado en dos tomos, de 1950, sobre

SCHWARTZ

Laurent Schwartz (1915-2002) finalizó sus estudios en la Escuela Normal en 1937. Después del servicio militar, comenzó sus trabajos de investigación en la Facultad de Ciencias en Estrasburgo, donde se doctoró en 1943. En 1953 comenzó su labor docente en París. Sus principales logros fueron en análisis armónico, teoría de funciones y análisis funcional. Además de por su obra matemática, se distinguió por ser un defensor de todas las causas humanitarias del siglo XX.

Recibió numerosos premios y distinciones, entre ellas la medalla Fields en 1950 por su creación de la teoría de las distribuciones y sus aplicaciones a la física matemática. Fue un miembro activo del grupo Bourbaki, que influyó significativamente en su estilo de trabajo matemático.

la *Teoría de las distribuciones* donde Schwartz introduce todos los elementos necesarios para estructurar esta teoría con las definiciones, teoremas y demostraciones completas que explican la generalidad de las distribuciones. En la amplia clase de las *distribuciones* quedan incluidas las medidas como funciones de conjunto, muchos de los funcionales lineales entre espacios de dimensión infinita y. por supuesto, también las funciones *auténticas* del análisis clásico.

Hemos visto cómo en el siglo XX se entrelazan dos vertientes en la consagración del concepto función. Una de las vías parte de la idea euleriana de función como expresión analítica y, tras la introducción de las clases de Baire y los conjuntos borelianos medibles, llega a la caracterización de las funciones *efectivamente* expresables analíticamente. La otra vía, a través de la generalización y formalización del concepto de función, tomando en cuenta diferentes aspectos estructurales, desemboca en la *teoría de las distribuciones.* No debe sorprender a quien conoce la historia de las matemáticas que estos conceptos, en su expresión más amplia y abstracta, alcanzaran una gran aplicación en la física moderna y en otros campos de la ciencia.

No podemos terminar sin señalar que en los trabajos de *lógica matemática* es común que se considere el concepto *aplicación* o correspondencia como primitivo o indefinible y de este se obtenga como derivado el concepto conjunto y otras componentes de los fundamentos de las matemáticas. Tal posición, por ejemplo, es asumida en la influyente obra *Introducción a la lógica matemática,* del lógico **Alonzo Church** (1903-1995), publicada por la Universidad de Princeton en 1956.

En fin, aunque todo sea muy diferente estamos *casi igual* a como empezamos, antes no se tenía una definición precisa y se buscaba una afanosamente. Ahora que se tiene, algunos no la consideran tan necesaria. ¡Tal es la dialéctica de lo lógico y lo histórico en el pensamiento matemático!

BIBLIOGRAFÍA DE LA 2ª PARTE

BOMBAL, F. (2006). *Paradojas y Rigor: La historia interminable*. Discurso leído en el acto de su recepción como académico de número en la Real Academia de Ciencias Exactas, Físicas y Naturales. Domicilio de la Academia. Madrid.

BOTTAZZINI, U. (1986). *The Higher Calculus: A history of real and complex analysis from Euler to Weierstrass*, Springer Verlag, New York.

CALINGER, R. (ed.) (1982). *Classics of Mathematics*. Moore Publishing Company, Inc. Illinois.

CAUCHY, A. L. (2001). *Cours D'Analyse. 1re. Partie. Analyse Algébrique*. Edición facsimilar de la primera edición de 1821. Sociedad Andaluza de Educación Matemática THALES, Sevilla.

DARBOUX, M. G. (1875). *Mémoire sur les fonctions discontinues* Annales de l'Ec. Norm. Sup. París. 2ª Serie T4, pp. 57-112.

DUGAC, P. (2003). *Histoire de l'Analyse. Autour de la notion de limite et de ses voisinages*. Vuibert. París.

DUNHAM, W. (2005). *The Calculus Gallery. Masterpieces from Newton to Lebesgue*. Princeton University Press. Princeton, New Jersey.

EDWARDS, C. H. (1994). *The historical development of the calculus*. Springer Verlag, New York.

EULER, L. (2001). *Introducción al análisis de los infinitos*. Edición de Antonio J. Durán, Sociedad Andaluza de Educación Matemática THALES, Sevilla.

GRATTAN GUINNESS, I. (ed.) (1984). *Del Cálculo a la Teoría de Conjuntos*. Alianza Universidad, Madrid.

HAIRER, E. y WANNER, G. (1996). *Analysis by its history*. Springer Verlag, New York.

JAHNKE, H. N. (ed.) (2003). *A History of Analysis*. American Math. Soc. Washington. D.C.

KANTOR, J-M. (2005). *Mathématiques d'Est en Ouest. Théorie et pratique: l'exemple des distributions.* Bulletin des Mathématiciens, pp. 33-43.

KATZ, V. J. (1998). *A History of Mathematics: An Introduction*. Harper Collins College Publishers. New York.

KLINE, M. (1994). *El pensamiento matemático de la antigüedad a nuestros días*. (Vols. 2 y 3) Alianza Universidad. Madrid.

L'HÔPITAL, G. F. marqués de (1998). *Análisis de los infinitamente pequeños para el estudio de las líneas curvas.* UNAM, Ciudad de México.

MEDVEDEV, F. A. (1991). *Scenes from the history of real functions*. Birkhäuser, Basilea.

PIER, J. P. (ed.) (1994). *Developments of Mathematics 1900-1950.* Birkhäuser, Basilea.

PIER, J. P. (2001). *Mathematical Analysis during the 20th. century.* Oxford Univ. Press.

RÜTHING, U. (1984). *Some definitions of the concept of function from Bernoulli to Bourbaki.* Math. Intelligencer 6, 4, pp. 72-77.

SÁNCHEZ, C. y VALDÉS, C. (2001). *Los Bernoulli. Geómetras y viajeros*. Nivola. Madrid.

SÁNCHEZ, C. y VALDÉS, C. (2004). *De los Bernoulli a los Bourbaki. Una historia del arte y la ciencia del cálculo.* Nivola. Madrid.

SÁNCHEZ, C. y NORIEGA, T. (2005). *Abel, El romántico nórdico.* Nivola. Madrid.

STRUIK, D. (ed.) (1969). *A Source Book in Mathematics*. Harvard Univ. Press. Cambridge.

WUSSING, H. y ARNOLD, W. (eds.) (1989). *Biografías de grandes matemáticos*. Prensas Universitarias de Zaragoza.

YOUSCHKEVITCH, A. P. (1976). *The concept of function up to the middle of the 19th. century*. Archive Hist. Exact. Sc., pp. 37-85.

YOUSCHKEVITCH, A. P. (2005). *Quelques remarques sur l'histoire de la théorie des solutions généralisées d'équations aux dérivées partielles et des fonctions généralisées.* (Traducción de J-M. Kantor del artículo aparecido en 1991 en la revista rusa Istoriko-matematicheskie issledovanie) Bulletin des Mathématiciens, pp. 44-50.